Herb

허브를 이용한
건강과 미용

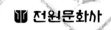

조태동, 송진희, 조철숙 편저

전원문화사

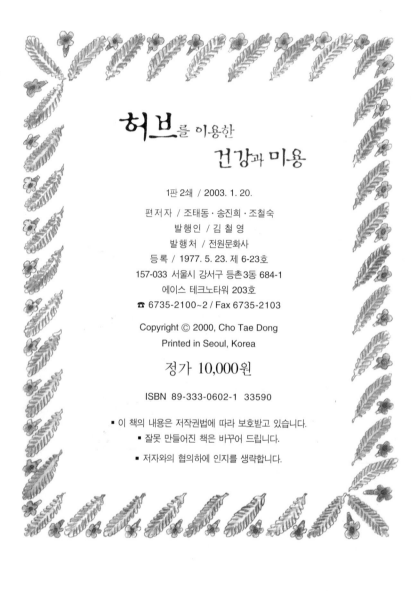

허브를 이용한 건강과 미용

1판 2쇄 / 2003. 1. 20.

편저자 / 조태동 · 송진희 · 조철숙
발행인 / 김 철 영
발행처 / 전원문화사
등록 / 1977. 5. 23. 제 6-23호
157-033 서울시 강서구 등촌3동 684-1
에이스 테크노타워 203호
☎ 6735-2100~2 / Fax 6735-2103

정가 10,000원

ISBN 89-333-0602-1 33590

머리말

허브에 대하여 말하기를 '21세기의 미래식물', '신이 주신 자연의 선물', '천국의 문을 열어주는 식물', '성 처녀 마리아의 식물', '이것을 심으면 죽어 나오는 자가 없다고 하는 식물' 등등으로 예찬되는 것은 도대체 무엇 때문일까?

이는 아마도 인간들에게 늘 변함없는 유익함을 아낌없이 베풀어 주는 자연 그대로의 순수함, 신비로움, 성스러움 때문이리라.

이러한 허브식물이 한국에 알려진 것은 불과 몇 년 전의 일이다. 그러나 실제로 살펴보면, 허브라는 용어만 쓰지 않았을 뿐, 우리 나라에서도 고대로부터 사용해 온 것을 알 수 있는데, 그 대표적인 것이 인삼이라고 할 수 있다. 또 임산부가 출산 후 쑥을 이용해 좌욕을 하고, 창포로 머리손질을 했던 예를 통해 쑥과 창포 역시 우리 나라의 대표적인 약용·미용 허브라고 할 수 있다.

허브라는 용어가 우리 나라의 공공기관에서 처음 사용된 것은 1996년으로 볼 수 있다. 그것은 본인이 일본에서 유학을 마치고 돌아와 「허브를 이용한 지역개발 방안의 연구」라는 테마로 충청북도에서 프로젝트를 진행할 때, 허브라는 용어를 놓고 잠시 고민을 해야 했다. 왜냐하면 생소한 용어를 처음 도입하여 대중화시키기까지는 많은 시간과 홍보를 필요로 했기 때문이었다.

그래서 이미 '향기식물', 또는 '향신채'라는 용어로 소개된 허브를 그대로 쓸까도 했지만, 국제화·세계화 시대를 맞이하여 많은 사람들이 보고 듣는 수준이 향상되었고, 전세계가 이미 동시대를 살고 있다는 판단에 허브란 용어를 그대로 도입하기로 한 것이다.

아무튼 「허브를 이용한 지역경제 활성화」라는 프로젝트는 새로운 용어 때문이었는지 곧바로 매스컴의 스포트라이트를 받게 되었고, 그 후 많은 사람들이 허브에 대한 관심과 더불어 화원의 한켠에는 허브 묘목이, 백화점에는 목욕용품을 비롯한 허브 관련 수입용품들이 진열되기 시작했으며, 각 여성잡지에는 허브를 이용하는 다양한 아이디어들이 단골메뉴로 등장하게 되었다.

그러나 외래수종이라는 선입견 때문에 곱지 않은 시선을 갖는 자생식물 애호가들께는 우리 나라의 훌륭한 자생 허브와 개발의 필요성에 대한 열띤(?) 이해와 설명이 필요했다.

이제 허브란 용어는 국민 대부분이 알고 있을 정도로 대중화되었다. 그러나 그에 비해 허브산업은 아직 묘목 생산에 머물러 있는 상태이고, 허브를 이용해 건강, 미용, 치료 등 실생활에서 유익한 삶을 영위하기에는 시판되는 상품이나 안내서가 너무도 부족한 것이 현실이다.

상품은 그렇다치고, 모처럼 집안 베란다나 정원에 가꾸어 놓은 허브를 전혀 이용하지 못하고 방치해 둔다면 정말 아쉬운 일이 아닐 수 없다. 마침 우연한 기회에 일본의 성문당신광사(誠文堂新光社(도모다준코))에서 출판된, 《허브·미용과 건강》이라는 책자를 접하게 되었다. 그런데 전체적인 구성은 좋았으나 초보자가 실제 응용하기에는 내용이 너무 단순했다. 이에 따라 본서에서는 전체적인 구성은 그대로 인용하되 실제 어디에서나 응용할 수 있도록 내용을 충실하게 보완했고, 내용상 나오는 다양한 허브들을 직접 사진으로 소개함으로써 호기심을 충족시키고자 하였다.

내용을 대별하면, 가정에서 다양하게 즐길 수 있는 허브, 허브를 이용하여 심신을 건강하게 하는 비결, 그리고 퍼스널 케어 및 애완동물의 허브 케어로 나누어 구성하였다. 일례로, 72

세(혹은 77세로도 불리고 있음)의 헝가리 여왕이 마치 소녀처럼 젊은 피부를 간직할 수 있었던 허브 미용법, 86세이지만 피부를 탱탱하게 유지하여 뭇 남성들을 사로잡았던 프랑스 니농 드 랑클로의 허브 목욕법 등의 비결을 소개하는 등, 가정에서 누구나 손쉬운 방법으로 젊음과 아름다움을 가꾸어 나갈 수 있도록 안내하고 있다.

책을 읽다 보면 시중에서 쉽게 구할 수 없는 재료도 있겠지만, 그럴 때는 재치 있게 대체품을 이용해 보자. 부디 이 책을 통해 아름답고 향기로운 삶을 영위했으면 하는 바람이다.

이 책이 나올 수 있게 된 데에는 일본의 원저자 도모다준코(友田淳子) 선생님의 공로를 빼놓을 수 없다. 깊은 감사 말씀을 드리고자 한다.

또한 우리 나라의 허브 대중화를 위한 선구자를 꼽는다면 단연코 충청북도의 주병덕 전(前)도지사님을 꼽을 수 있다. 이 자리를 빌어 다시 한 번 감사를 드리고, 청주대학교 권상준 교수님, 강릉대학교 임승달 총장님, 서울여자대학교 윤경은 총장님께도 깊은 감사를 드린다.

원고편집 중에 삶의 질을 풍요롭게 배려해 주신 에버랜드의 서정무님과 자료수집에 애써주신 청주대학교 박사 과정의 정정섭, 홍영록군 및 허브연구가 정인희씨, 내용의 삽화에 노심초사했던 황선영씨에게도 심심한 감사를 드린다.

이 책이 나오기까지 수고해 주신 전원문화사의 김철영 사장님, 편집장인 이희정님 및 관계자 분들과 여러모로 응원해 주신 허브동호인 여러분들께 고마움을 전한다.

끝으로 사람들에게 허브처럼 향기롭고 이로움을 전할 오스트리아의 하늘이와 귀한 딸 신원이에게 끝없는 사랑과 기쁨을 전한다.

편저자

차 례

H E R B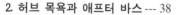

허브를 이용한 건강과 미용

Ⅲ. 퍼스널 케어 및 애완동물 허브 케어 / 122

Contents

건강과 미용에 유익한 허브 130종

Contents

1

허브를 이용한
건강과 미용

I

가정에서 다양하게 즐기는 허브

1. 허브를 이용해 손쉽게 만드는 소품들

각박하고 정서가 메마른 현대사회에서 향기 가득한 가정은 건강이나 정서 함양에 매우 유용하며, 나아가 사회를 밝게 만드는 것이다.

예로부터 사람들은 좋은 향기를 종교의식이나 위생을 위해 사용해 왔으며, 고대의 그리스·로마시대에는 많은 연회나 의식주에 향기를 이용하였다.

우리들에게 불후의 명화로 남아 있는 '벤허'나 '쿼바디스'에 향마사지, 향목욕 등의 장면이 심심찮게 나오는 것을 볼 수 있을 것이다. 또 술에 만취가 되어 병이 나면 장미꽃으로 만든 약을 먹이거나, 파티장의 테이블에 향주머니를 놓아 향기로운 향을 피우기도 하고, 실신한 사람에게는 라벤더의 향유를 맡게 하여 정신을 차리게 하는 등 생활 전반에 허브의 향을 이용하였음을 알 수 있다.

영국의 엘리자베스 1세 때에는 허브의 전성기를 맞이하였는데, 특히 위생면에서 필요하다고 생각하여 궁전을 갖가지 허브나 꽃, 포푸리 등으로 장식하였다. 또 일반인에게도 보급이 되어 각 가정에서 다양한 처방을 개발하였으며, 지금까지도 사랑을 받으며 애용되고 있다.

허브는 기르면서 그것을 이용하여 포푸리나 향주머니 등을 만드는 즐거움은 물론이고, 유익한 향기를 통해 정신을 고양하거나 진정효과를 얻기도 한다.

허브의 향기는 신으로부터 받은 자연의 선물이라고 한다. 이것은 위에서 말한 것처럼 인간에게 다양한 유익함을 주기 때문이다. 원예용 화훼처럼 뛰어난 자태는 아닐지라도 하나하나 독특한 개성이 있고 각각의 향기는 고유의 특징이 있어서, 우리들에게 향기로운 삶을 영위할 수

있도록 해 주고 있다.

허브는 '필수품이 아니니까' 라는 말을 하기도 하지만, 허브를 한번이라도 이용해 본 분들은 식탁에서나 목욕탕, 자녀의 공부방, 피로할 때, 우울할 때, 머리가 아플 때, 사랑을 나누고 싶을 때 등 생활의 전반에 걸쳐 꼭 필요하다는 것을 알 수 있을 것이다. 한마디로 우리들의 생활에서 향기를 부여하는 원동력이라고 할 수 있다.

이러한 허브를 직접 길러 보고자 할 때 처음에는 묘목을 구해서 기를 것을 권유하고 싶다. 꽃이나 식물 기르기를 좋아하는 분들은 뜰이나 농원 등에 종자를 뿌려서 재배해 보면 싹트는 모습, 자라나는 과정이 매우 흥미로우니 직접 경험해 보시고, 아파트에 거주하는 분들은 베란다의 플랜터에 몇 종류의 허브를 길러 보아도 같은 즐거움을 맛볼 수 있다.

잎 끝을 손으로 흔들어 보거나 잎이 무성해졌을 때에는 베어서 다발로 묶어 천장에 매달아 드라이 플라워로 장식하면 부드럽고 향기로운 냄새가 온 집안을 상쾌하게 해 줄 것이다.

허브의 꽃이나 잎 등을 조금씩 말려서 용기에 모아두고 오일(精油)을 구입하여 시나몬이나 클로브를 첨가한 뒤 밀봉한 병에 넣고 1개월 정도 냉암소에서 숙성시키면 훌륭한 포푸리가 완성되므로 꼭 시도해 보기 바란다.

1) 포푸리 만드는 법

포푸리라고 하는 것은 프랑스어로 'Pot-Pourri'로 발효시킨 항아리란 뜻이다. 향기가 좋은 꽃잎, 허브 향신료, 보류제(保留劑), 향료(오일이나 수지 등)를 혼합해서 1개월 정도 숙성시켜 만드는데, 포푸리는 허브의 향기와 다양한 색상, 형태를 살린 실내 향기이며, 인테리어 소품이다.

포푸리는 자연건조인 드라이 포푸리와 모이스트 포푸리가 있는데, 우리가 흔히 말하는 포푸리는 드라이 포푸리를 말하는 것이며, 모이스트 포푸리는 소금을 이용해서 만든다.

모이스트 포푸리 만드는 법을 간단하게 설명하면, 준비한 소금의 반은 꽃이나 잎에 넣어 섞고, 남은 것은 보류제로 준비한 분말 스파이스 류에 합한다.

이것을 서로 켜켜로 하여 병에 넣고 브랜디 몇 방울을 떨어뜨려 밀폐하여 1개월 정도 숙성시키면 완성이 된다.

자기 집에서 아직 허브를 기르고 있지 않은 분들은 믿을 수 있는 허브샵에서 포푸리나 향주머니를 만들 수 있는 용품을 구입하여 직접 만들어 보고 집안의 구석구석이나 차 안, 자녀들의 가방, 핸드백 속에 넣어두면 언제나 향기 가득한 허벌 라이프를 만끽할 수 있다.

포푸리 만드는 법 : 주재료 1~½컵, 부재료 ⅓~½컵, 보류제 1작은술이 기본 비율이다.

※ 엘리자베스 시대의 포푸리
- 다마스커스 장미나 로즈제라늄의 잎 10컵
- 라벤더 5컵
- 클로브, 시나몬, 너트맥, 올스파이스, 오리스루트 각 ⅓컵
- 로즈제라늄 오일 20방울, 샌들우드 오일 5방울

다음은 계절별로 만끽할 수 있는 포푸리를 소개하고자 한다.

■ 봄의 포푸리(튤립의 포푸리 바스켓)
튤립의 드라이 플라워는 세피아 색으로 건조되기 때문에 같은색 계통의 바스켓에 넣어서 꽃잎만으로 포푸리를 만들어 본다. 튤립 향기가 무슨 향

이었는지 기억하면서 만든다면 재미있을 것이다.

 재료

튤립 꽃잎 30개분, 로만카모마일 ½컵, 클로브 1큰술, 안식향 ½컵, 오리스 루트 1큰술, 일랑일랑 오일 2방울, 머스크 오일 2방울

■ 여름의 포푸리

해변의 포푸리라고 할 수 있다(바닷가에서 주워 온 조개껍질을 기념으로 하여 만든다).

 재료

왕소금 1컵, 라벤더 ½컵, 로즈메리 ½컵, 안바 그리스 오일 2방울, 조개껍질 몇 개

재료들을 잘 섞어서 2주일간 밀폐용기에 숙성시킨 다음 유리접시나 큰 조개껍질에 담는다.

■ 가을의 포푸리

정원에서 채집한 허브들과 스파이스를 이용하여 포푸리를 만든다. 향기가 좋아 사무실에 놓아두면 모두들 즐거워할 것이다.

 재료

레몬 밤 1컵, 애플민트 1컵, 스피어민트 ½컵, 오레가노 2큰술, 레몬 버베나 1컵, 레몬 유칼리 5장, 페

니트열민트 2큰술, 시나몬 스틱 2개, 카르더멈 8개, 스타아니스 2개, 오리스루트 1 작은술, 레몬 오일 3방울

■ **겨울의 포푸리**

오렌지 포만다 어렌지

이것을 처음 보는 사람은 "이게 뭐지?" 라고 반드시 물을 정도로 우리에게는 생소한 작품이다.

오렌지 포만다라고 하는 것으로 구미에서는 옛날부터 행복을 가져오고 지켜주며 위험을 피하게 하는 등의 의미를 포함하고 있다.

원래는 안바 그리스를 사과 모양으로 둥글게 한 것이 포만다의 시작이다. 그러나 점차 시대와 함께 사과나 오렌지 등에 클로브를 꽂아서 건조시킨 것으로 변해 왔다.

조금 화려하게 만들면 거실의 인테리어로도 유용하다.

① 오렌지에 대나무 꼬치 또는 이쑤시개 등으로 구멍을 내고 클로브를 꽂는다.
② 전체에 다 꽂은 다음 포만다 스파이스를 바른 후 남은 가루를 털어내고 건조시킨다.
③ 완성되면 포만다를 드라이용 스틸로폼이 놓인 화기에 넣어 시나몬 스틱, 고추, 가지 등을 넣어서 보기 좋게 꽃꽂이하여 장식한다.
※ 포만다 스파이스(시나몬, 오리스루트, 안식향 등 여러 가지 파우더를 혼합한 것)

2) 향주머니

향주머니도 프랑스어로 'Sachet' 라고 하며, 원형은 손바닥에 놓일 정도의 천으로 만든 작은 주머니이지만, 현대에 오면서 향낭, 향주머니라는 대명사가 되었다. 대개는 장방형의 형상으로 한쪽을 열어놓고 3방향을 꿰맨 것이다. 주머니 입구에 잘 숙성된 포푸리나 허브 믹스를 잘게 썰어 넣고 주머니 입구를 리본 따위로 묶는다. 서랍에 넣거나 장식을 하거나 늘어지게 끈을 달면 양복걸이나 문에 걸 수 있다.

좀더 작은 크기는 휴대용 핸드백이나 포켓에 넣는 등 용도에 따라 이용하는데, 모양은 하트형, 둥근형, 동물형 등과 용도에 따라 옷걸이, 베개 등도 만들어 이용한다.

천은 무명, 명주, 대마 등 다양하게 이용할 수 있고 피부에 부드러운 자연소재로 만드는 것이 좋다. 또한 향주머니를 어디에 쓸 것인가를 생각하고 만든다면 이용할 때 편리하다.

여기에 향주머니나 베개용, 쿠션용 등으로 허브를 브렌딩하는 방법 몇 가지를 소개하기로 한다.

① 레몬 버베나 2컵, 로즈메리·레몬 타임·바질 각 1컵, 민트 ½컵
② 스위트 우드럽·서던우드 각 1컵, 타임·스위트 마조람·머그워트·메도스위트 각 ½컵
③ 로즈메리·스위트 마조람·타임·레몬 밤·스위트 바질 각 1컵

3) 허브 비누

중세기 영국에서는 카스틸 비누를 얇게 깎아서 허브, 로즈 워터, 향료, 아몬드, 브랜(밀기울) 등을 혼합해서 단단하게 한 워싱볼이 유행했었다. 때에 따라서 건포도나 벌꿀을 섞기도 하는데, 만드는 방법은 다

양하다.

사용하는 허브는 향기가 좋은 허브, 피부에 좋은 허브가 선택되어 에센셜 오일도 향료로서 듬뿍 사용되는 때가 있었다.

(1) 세안과 목욕용 워싱볼

17세기에 유럽에서 쓰던 방법이다. 사이프레스 15g, 오리스루트 파우더 90g, 칼라머스루트(Calamusroot) 60g, 로즈 30g, 라벤더 60g을 잘게 갈고 카스틸 비누 500g, 로즈 워터 1ℓ, 안식향 가루 30g을 혼합해서 탁구공 정도의 크기로 만든다. 자연건조해서 완성한다.

(2) 올리브와 벌꿀비누

6큰술의 깎은 카스틸 비누를 중탕하여, 녹기 시작하면 올리브유 1작은술을 조금씩 첨가한다. 잘 섞고 나서 투명하고 깨끗한 꿀 2작은술을 첨가하여 랩을 깔아놓은 틀에 흘려넣고 완전히 굳어질 때까지 놓아둔다. 이 비누는 향료를 넣지 않기 때문에 벌꿀의 순한 비누이다(그림 1).

(3) 장미 비누

글리세린 비누 600g을 깎아 냄비에 넣고 로즈 워터 ½컵을 부어 약한 불에 올려놓고 휘저어 섞는다. 필요에 따라서 로즈 워터를 조금 더 넣는다. 녹으면 라놀린(羊毛脂) 1큰술을 섞어놓고 로즈 오일 10방울과 식품용 적색소 10방울(넣지 않아도 됨)을 첨가하여 잘 섞는다. 불에서 내려놓고 요쿠르트나 우유팩에 쏟아 넣거나 랩으로 만든 틀에 쏟아 넣는다. 단단해질 때까지 움직이지 않도록 건조시킨다. 팩을 벗겨내고 적당한 크기로 잘라서 파라핀지 따위로 덮어놓는다.

(4) 레몬 파우더 비누

오트밀 가루 2큰술, 카올린(高嶺土) 2큰술, 붕사 ½작은술, 레몬 에센셜 오일 몇 방울을 혼합해서 용기에 넣어둔다. 필요에 따라서 페이스 브러시(face brush)나 손으로 마사지하면서 세안한다.

그림 ❶ 올리브와 꿀로 비누 만들기

① 카스틸 비누를 강판에 간다.

④ 깨끗하고 투명한 꿀을
2작은술 넣는다.

② 중탕 그릇에 간 비누
6큰술을 넣는다.

⑤ 모양 틀에 랩을 깔고
그 위에 붓는다.

③ 올리브유 1작은술을
조금씩 첨가한다.

⑥ 실내에 통풍이 잘 되는
장소에서 자연건조시킨다.

4) 방충용 허브

허브에는 모기나 바퀴벌레, 개미, 빈대, 파리 등의 제충(除蟲)효과에 특히 강한 것이 있다. 예를 들면 머그워트, 웜우드, 페니로열, 베이, 유칼리, 라벤더, 로즈제라늄, 타임 등이다. 이러한 허브를 건조시켜 가루로 만들어 양탄자나 매트 아래 등 해충이 다니는 길에 뿌리면 좋다. 맨손으로 취급하면 알러지를 일으키는 경우도 있으므로, 그런 분들은 고무장갑을 이용한다. 이러한 허브는 사람이나 애완동물에게는 무해하나 해충, 물고기, 파충류 등에는 유해하다. 또는 에센셜 오일을 함께 이용하면 보다 강력한 효과를 얻게 된다. 예를 들면 전구에 달려드는 벌레를 예방하는 데는 에센셜 오일을 알코올에 묽게 녹여서 브러시에 묻혀 갈라진 틈, 모서리 등에 칠하거나 깔개(돗자리, 양탄자, 방석 등) 아래에도 발라놓는다. 페니로열은 특히 벼룩을 제거하는 데 쓰이며, 오레가노는 개미를 쫓는 데, 베이는 작은 갑충(풍뎅이 따위) 등에 효과가 좋은 허브이다. 또 베이 잎이나 마른 고추를 밀가루나 곡물류를 저장한 곳에 넣어두면 좀벌레들의 방충제가 된다(그림 2, 3).

핸드백이나 트렁크, 서랍, 옷걸이 등에는 머그워트, 세이지, 산톨리나를 혼합하고 타임의 에센셜 오일을 첨가해서 만든 향주머니를 넣어두면 효과가 있다.

그림 ❷ **방충용 허브**

에센셜 오일 3방울

스프레이로 사용

알코올 2작은술

양동이에 넣어서 사용

따뜻한 물 1리터

그림 ❸ 곡물의 방충제

(1) 방충용 허브 만들기

머그워트, 산톨리나, 세이지, 로즈제라늄, 라벤더 각 1컵, 타임의 에센셜 오일 5g, 베이, 클로브 각 ½컵을 섞는다.

(2) 방충용 양복걸이를 만드는 방법

목제나 철사 옷걸이, 천, 솜, 리본을 준비하고 페니로열, 카모마일, 스피어민트, 베이, 유칼리를 1컵씩 혼합한 것을 만들어 놓는다. 가늘고 긴 주머니 봉지를 2개 만든다. 솜으로 옷걸이를 감쌀 때에 허브를 채워 넣고, 자루 주머니를 좌우로부터 꽂아 넣어 중앙까지 끌어당겨 실로 꿰맨다.

굵직한 리본으로 바느질 자리가 보이지 않도록 묶는다. 믹스 허브 대신에 레드 시더(Red Ceder)만으로 만드는 것도 좋은 향기가 난다. 또 시판되는 레드 시더의 제품은 다양하므로 그것들을 이용해도 좋다. 단맛과 산뜻한 향기로 방충, 향기, 인테리어도 겸하는 레드 시더는 매우 유용하게 쓰인다(그림 4).

인도네시아의 일반 가정에서는 카스카스(힌두어로 '베티버트'라는 말)를 양복장에 넣기도 하고, 또 어느 집에서는 흰 후추를 벽장에 넣어서 지혜롭게 방충제로 사용하고 있다.

인도에서는 베티버트를 이용하여 왕골돗자리와 발을 만들어 출입구나 창문에 걸어놓고 있는데, 가끔 물로 적셔 준다. 시원함과 동시에 방충효과를 얻어내는 생활의 지혜라고 할 수 있겠다.

그림 ❹ 옷걸이 만들기

① 목제 옷걸이나 철사 옷걸이를 준비한다.

④ 솜을 펼친 다음 그 안에 허브를 넣는다.

② 좁고 긴 주머니 2개를 만든다.

⑤ 옷걸이를 감싼다.

③ 페니로열, 카모마일, 스피어민트, 베이, 유칼리 각 1컵을 혼합한다.

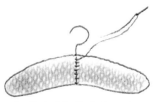

⑥ 주머니를 좌우로 끼우고 중간을 꿰맨다.

⑦ 중간에 꿰맨 자리가 표시나지 않게 리본으로 묶는다.

5) 실내 방향제

방안에 향기를 널리 퍼지게 하는 기구나 방법으로 전동식의 좋은 구조로 되어 있는 글라스 보틀(Glass bottle)은 에센셜 오일이나 콜로뉴 등의 액체용이다.

캔들을 이용하여 향을 나게 하는 방법으로는 그림과 같이 포트의 증발접시에 물을 넣고 에센셜 오일을 몇 방울 떨어뜨린 뒤 캔들에 불을 붙이면 물이 데워져 연한 향기가 증기로 피어오르는 것이다. 요즘은 전기를 이용한 포트가 나와 있어 캔들 대신 전기를 이용하여 향기를 피우기도 한다. 또 구조가 보온병처럼 되어 있어서 열탕에 의해 향이 증발되어 좁은 글라스 입구를 통해서 섬세한 향기가 발산되도록 연구되어 있는 것도 있다. 이것은 소리도 나지 않고 불도 사용하지 않으므로 제일 안전한 방법이다.

가정에 있는 것을 이용해서 향기를 퍼지게 하고 싶을 때의 방법도 몇 가지나 있다. 스탠드의 전등갓에 오일을 바르거나 전구에 오일을 바른다. 향탄(香炭)에 불을 붙여서 오일을 떨어뜨리거나 유향(乳香)이나 몰약(沒藥) 등을 피워 보거나 하는 따위이다. 허브나 스파이스를 갈아서 혼합하는 것만으로 만들 수 있는 파우더 인센스는 간단하게 만들 수 있으므로 꼭 시험해 본다(그림 5).

(1) 에어프레슈너(공기정화제)

주택의 사정으로 창문을 열어도 통풍이 잘 되지 않거나 여름이나 겨울, 에어컨디셔너의 보급으로 창문을 닫아두었을 경우에는, 에어프레슈너를 만들어 놓으면 살균이나 소독에 효과가 있다. 향기를 바꿔서 몇 개를 만들어 놓으면 현관, 거실, 주방, 욕실, 화장실용으로 사용할 수 있어서 편리하다. 특히 화장실에는 상비해 두면 에티켓에 그만이다. 에센셜 오일 3방울을 알코올 2작은술에 첨가해 끓는 물 1l에 넣어서 잘 흔들면 완성되는데, 스프레이 용기에 넣어두면 편리하다. 또는 감기 예

그림 ❺ 향 확산기(perfume diffuser)

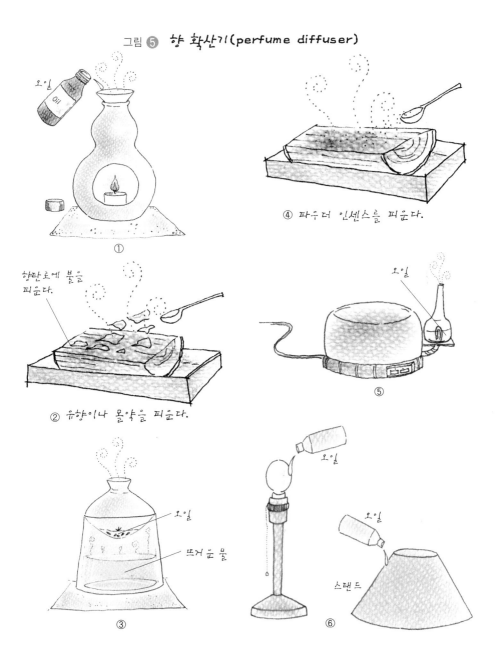

오일

①

④ 파우더 인센스를 피운다.

향탄로에 불을 피운다.

② 유향이나 몰약을 피운다.

오일

⑤

오일

뜨거운 물

③

오일

오일

스탠드

⑥

방으로 살균력이 있는 유칼리, 타임, 페퍼민트 등의 오일을 가습기나 스프레이에 몇 방울 떨어뜨려 사용한다. 그러나 어린이의 경우에는 사용량을 적게 한다. 그 외에 민트, 로즈메리, 라벤더, 클로브, 주니퍼, 샌들우드, 오렌지, 레몬 등으로 사용 장소에 어울리는 오일을 사용한다. 1종이라도 블렌드하면 좋으며, 이것을 걸레에 사용해도 좋다. 생활의 지혜로 응용해 보기 바란다.

(2) 로즈메리 캔들

로즈메리의 옛이름은 'incensir(향호초)'이다. 그 명칭에서도 알 수 있는 것처럼 오래 전에는 교회 정원에서 키워졌고 향으로 사용되고 있다. 로즈메리 향은 머리가 깨끗해지고 청량하여 누구라도 좋아하므로, 방안의 향기로운 냄새와 분위기를 연출하기 위해 로즈메리 양초를 만들어 본다.

기름을 한 방울도 넣지 않고, 로즈메리 가루와 파라핀만으로 만드는 소박한 양초는 델리킷한 색조와 우아한 향기가 특징이다(그림 6).

(3) 허벌 인센스(incense)

인센스는 향을 말하는 것으로, 정유나 허브 등 자연의 향을 넣는 것이 허벌 인센스이다. 인센스에 불을 붙이면 연기가 피어 올라가며 향이 퍼지는 것인데 옛날부터 사용되어 온 것은 유향과 몰약, 안식향 등이다.

시판되는 상품도 많지만 정유나 허브를 선택하여 자기만의 인센스를 만드는 것도 즐거울 것이다.

 재료

정유 5~20방울, 안식향 5g, 장미꽃잎(Rose Garica) 15g, 페퍼민트 5g, 벌꿀 1작은술, 물 2작은술, 유발, 유봉, 두꺼운 종이, 테이프

그림 ❻ 로즈메리 캔들

① 파라핀 왁스를 80℃ 의
   중탕으로 녹인다.

④ 나무젓가락 등으로
   심지를 세운다.

② 녹인 다음 그 속에 로즈
   메리 가루를 넣는다.

⑤ 굳으면 칼로
   벗겨낸다.

③ 종이컵 중앙에 심지를
   고정시키고 녹인 파라
   핀 왁스를 붓는다.

⑥ 완성된 로즈메리 캔들

※ 정유는 장미 꽃잎(Rose Garica)에 어울리는 라벤더나 일랑일랑,
샌들우드 등을 권한다.

만드는 방법

① 유발에 안식향을 넣고 유봉으로 파우더 상태로
만든다.

② 물에 벌꿀을 넣어 용해하고, 이 속에 ①과 장미
꽃잎(Rose Garica)과 페퍼먼트를 각각 믹서에 갈
은 것을 조금씩 넣어서 혼합한다.

③ 손으로 뭉쳐질 정도가 됐을 때 그 속에 정유를 넣
고 향기가 잘 배도록 혼합한다.

④ 4cm×4cm로 자른 두꺼운 종이를 원추형으로 만
들어 테이프로 붙인다. 그 속에 ③을 넣고 형이
만들어지면 틀에서 빼내 2~3일간 통풍이 잘되는
장소에서 건조시킨다.

6) 수제 가구용 크림 만들기

 재료

비왁스 55g, 테레빈유 300cc, 카스틸 비누 갈아놓은 것 55g, 끓는 물 200cc
로즈메리 에센셜 오일 적당히.

테레빈유와 비왁스를 함께 중탕으로 녹인다. 다른 냄비에서는 끓는
물과 비누를 넣어서 녹인다. 양쪽 냄비를 식히고 나서 테레빈유와 비왁
스 냄비 쪽에 비누를 조금씩 넣어 섞으면서 크림 상태가 될 때까지 젓
는다. 로즈메리 에센셜 오일은 좋아할 정도의 향기가 날 때까지 넣는
다. 라벤더, 마조람, 레몬 밤 등 좋아하는 향으로 바꾸어도 좋다.

테레빈유는 인화하기 쉬우므로 아주 조심하여 취급한다. 테레빈유는
타펜타인 오일로서 여러 가지 소나무과 나무들이 함유된 기름이다.

7) 압화

미풍에 흔들려 제각기 향기를 내뿜는 허브의 꽃들을 보고 있으면, 언
제까지나 시들지 않고 선명하게 피어 있기를 바라는 마음이 든다. 이런
마음을 압화에 담아서 여러 가지 소품들을 만들어 간직하거나 주위의
좋은 사람들에게 선물을 하면 어떨까 한다.

압화를 이용해 서표, 엽서, 코스타, 액자, 런천 매트(luncheon mat)
등을 만들 수 있는데, 우리들의 생활 속에서 매력적인 허브와 꽃향기를
느낄 수가 있을 것이다.

압화를 만드는 방법은 신문지나 두꺼운 책 사이에 끼워 무거운 물건
을 올려놓거나, 전자레인지를 사용하는 방법, 다리미를 사용하는 방법,
건조제를 사용하는 방법, 압화기를 사용하는 방법 등 매우 다양하다.

　중요한 것은 마무리도 향기를 훼손하는 일 없이 선명하게, 언제나 건조한 상태로 보존해 두면 몇 년 동안이라도 허브의 아름다움을 만끽할 수가 있다.

(1) 전자레인지에 사용할 수 있는 허브
라벤더, 세이지, 펜넬, 민트, 타임, 바질, 콘플라워 등.

■ 압화하는 방법
　다음의 그림처럼 겹쳐서 클립으로 고정하고 전자레인지에 1분간 넣는다. 그 다음 꺼내서 모양을 보고, 잘 건조되지 않았을 경우에는 다시 20초 정도 넣어서 가열하고 모양을 본다. 건조가 되었으면 종이로부터 떼어내 밀폐용기에 넣고 건조제를 넣어 보존해 둔다.

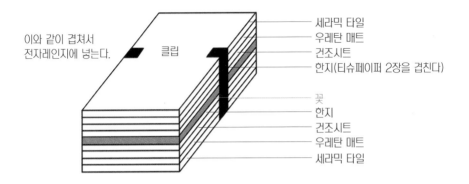

이와 같이 겹쳐서
전자레인지에 넣는다.

클립

세라믹 타일
우레탄 매트
건조시트
한지(티슈페이퍼 2장을 겹친다)

꽃
한지
건조시트
우레탄 매트
세라믹 타일

(2) 건조시트를 사용하는 허브

사프란, 선플라워, 차이브, 마리골드 등.

■ 압화하는 방법

그림에서처럼 겹쳐서 비닐봉지에 넣어 위에서부터 무거운 것을 눌러 놓는데, 4~5일 정도면 완성된다. 또 압화기를 이용하면 단시간 내에 완성할 수 있다.

건조시트의 재생은 전자레인지에서 1분 정도 가열한다.

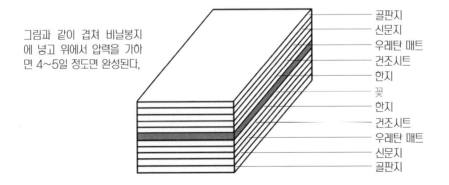

그림과 같이 겹쳐 비닐봉지
에 넣고 위에서 압력을 가하
면 4~5일 정도면 완성된다.

골판지
신문지
우레탄 매트
건조시트
한지
꽃
한지
건조시트
우레탄 매트
신문지
골판지

다음은 압화를 이용한 미니카드 만드는 법을 소개한다.

허브를 이용하여 만들어 보내는 카드는 상대방이 잊지 못할 좋은 추억의 선물이 될 것이다. 부디 향기로운 삶을 연출해 보자.

준비물

- 제작도구 : 핀셋, 가위, 칼, 커터대, 모눈종이, 압화 전용 본드
- 꽃 재료 : 계절의 허브 꽃으로 두껍지 않은 꽃
- 용지
  ① 카드 용지 1매(조금 두께가 있고 반으로 접어서 시판되고 있는, 봉투에 들어가는 사이즈)
  ④ 메시지 용지 1매(①보다 한 치수 작은 사이즈)
  ③ 봉투 1매(①이 들어가는 사이즈)
  ④ 마무리용 투명 필름

만드는 방법

① 카드를 준비하고 계절의 허브를 압화해서 카드에 본드로 붙인다.
  카드를 오른쪽으로 열 것인지 왼쪽으로 열 것인지 좋아하는 쪽으로 결정하고 나서, 카드 표면이 되는 쪽에 압화한 것을 디자인한다.
② 압화가 떨어지지 않도록 위에서부터 마무리용 필름으로 디자인 부분을 덮고 위에 손수건을 얹어 저온으로 가볍게 다림질한다.
③ 카드 용지, 메시지 용지와 함께 중심으로부터 반으로 접는다.
④ 메시지 용지의 접은 부분에 본드를 조금 칠해 카드 용지 중심에 붙인다.

▲ 허브연구가 김현리씨가 만든 허브 소품들.

8) 허브 염색

유럽에서는 허브 염색을 기원전부터 이용하였고, 우리 나라에서도 오랜 옛날부터 나무나 풀, 열매를 이용해서 염색을 해 왔다.

쉬운 작업은 아니지만 한 번 도전해 보자.

염색으로는 프레시 허브나 드라이 허브 모두 사용해도 상관없지만, 프레시 허브는 드라이 허브에 비해 투명감 있는 색으로 염색된다. 염색용 허브를 자를 시기는 꽃이 피기 전, 날씨가 좋은 오전 중이 최상이며, 아름다운 색이 나타난다.

허브의 양은 100g의 실이나 옷감에 대하여, 드라이 허브는 50g, 프레시 허브의 경우에는 100g이 소용된다. 옷감에 따라서 염색이 잘 되는 것과 그렇지 않은 것이 있는데, 견과 모는 염색하기 쉽고 면, 마, 레이온은 견과 모에 비해서 염색하기 어렵다. 합성섬유 중에서도 나일론은

염색하기 쉽지만 아크릴, 폴리에스텔 등은 염색이 되지 않는 종류이다.

　염색에 사용할 매염제는 크게 5가지로 나눌 수 있는데, 색을 제대로 밝게 내주는 순서대로 열거하자면, ① 주석 ② 알루미늄 ③ 크롬 ④ 동 ⑤ 철 등이다.

　허브에 따라서 여러 가지 색을 낼 수가 있는데, 예를 들어 빨간색으로 물들이고 싶으면 알카넷의 건조시킨 뿌리나 유칼리의 생잎을 이용하면 되고, 노란색을 원할 때면 로만카모마일의 생잎이나 사플라워의 꽃잎을, 녹색일 경우에는 마조람을, 갈색을 원할 때는 컴푸리의 생잎이나 펜넬을 이용하면 된다.

　여기에서는 애플민트를 이용하여 털실을 염색하는 방법(先媒染)과 다이야즈 카모마일을 이용하여 종이를 염색하는 방법을 소개하고자 한다.

(1) 애플민트를 이용한 털실염색

 재료

털실 100g, 초산동 3g, 애플민트(드라이 10g, 또는 생잎 100g)

■염색 방법

① 물 3ℓ에 애플민트를 넣고 불을 붙인다. 끓은 후 약한 불에서 30분 달인다.
② 염액을 잘 걸러서 물이 3ℓ가 되게 한다.

34

③ 초산동 3g을 3ℓ의 물에 용해하여 미지근한 물에 충분히 담그고 물 기를 뺀 후 매염액에 넣어 얼룩지지 않게 매염한다.

④ 여기에 온도를 올려, 80도가 되면 불을 약하게 하고 15분간 계속 끓 인 후 차가워지면 헹군다.

⑤ 매염한 실을 ②의 염액에 넣고 색이 균일하게 염색되면 15분 정도 다시 삶는다.

⑥ 연한 카키색으로 염색된 실을 차가운 물에 잘 행구어 음지에서 건 조시킨다.

(2) 다이야즈 카모마일을 이용한 종이염색

허브로 염색한다고 하면, 실과 옷감이라 고 생각하기 쉽지만 종이도 염색된다. 여기 에서는 우아하고 품위 있는 노랑색 종이를 다이야즈 카모마일로 염색하는 순서를 간 단히 설명하고자 한다.

일반적으로 허브 염색은 허브의 달인 액 속에 염색하고자 하는 실이나 천을 담가서 하는 염색과 허브가 가지고 있는 색소를 염색하고 싶은 것에 정착·발색시키는 매 염의 두 가지 공정으로부터 성립된다. 이 두 가지 공정을 동시에 진행시키는 것을 동욕염색법(同浴染色法)이라고 한다.

허브 염색의 방법은 그 허브에 따라서 혹은 물들이는 소재에 따라서 다양한데, 가장 일반적인 것이 동욕염색 법이다.

여기에서 종이를 염색한다고 하면 어떻게 할까? 좀 걱정스러울지 모 르지만 실이나 옷감과 비교해 보면 종이는 오히려 훨씬 용이하여 염액 에 담그는 것만으로 염색이 되므로 가벼운 마음으로 시도해 보자.

종이를 잘 염색하기 위한 방법을 다음과 같이 소개한다.

① 우선 20g의 생잎 카모마일을 3*l*의 물에 넣고 끓인 후 약한 불에서 약 30분 달인다.
② 염액을 잘 걸러서 백반을 넣으면 황금색의 염색 용액이 된다. 단, 매염에 필요한 백반은 소금겨 등에 사용하는 소(燒)백반이 좋은데, 이것을 반드시 넣어야만 우아한 황금색으로 염색이 된다.
③ 그 다음 가장 중요한 것은 염색에 알맞는 종이를 선택하는 것이다. 예를 들어, 복사용지 같은 표면은 코팅이 되어 있어서 색이 배어들지 않으며 그림용 종이는 물에 젖으면 쉽게 찢어지므로 주의를 요한다. 허브 카드를 만드는 데는 한지가 우아하고 품위가 있으나, 한지가 없으면 집안에서 사용하는 종이를 5×5cm로 잘라서 어느 종이가 염색이 잘 드는지 종이를 선택한다.
④ 다음은 카모마일 달인 액을 충분히 식혀두어야 하며, 이 달인 액에 종이를 넣는다. 단, 쉽게 종이가 물러지므로 주의를 요한다.
⑤ 종이는 필요한 크기로 잘라서 염액에 넣으면 되는데, 수면에 떠 있는 부분은 살살 밀어넣을 정도로 하여 찢어지지 않도록 한다.
⑥ 염색된 후에는 페이퍼 타월로 가볍게 물기를 닦아주고, 창유리나 테이블 등의 평평한 곳에 펼쳐놓고, 마른 후 염색된 종이를 디자인하여 자르면 우아한 황금색 종이로 염색이 완성된다.

9) 추억의 에그포만다

계란 껍질을 포푸리의 용기로 이용한다는 것은 좋은 아이디어이다.
여행 중에 모은 향기로운 소품이나 예쁜 낙엽, 작은 돌을 속에 넣어서 계란 껍질에 옷감, 신문, 포장지 등 특색 있는 것을 붙여 장식한다면 더욱 기념이 되고, 볼 때마다 그때의 추억이 떠오를 것이다.

또한 그 안에 방충용 허브를 넣는다면 훌
룡한 방충제가 될 것이고, 계란에 끈을 달
아서 옷걸이에 걸어놓으면 장식품으로서의
역할과 함께 훌륭한 에그포만다가 된다.

10) 기타

라벤더의 어원은 라틴어로 'lavare'이며 씻는다는 의미이다. 그리스
·로마시대에는 세탁물에서 향기나게 하는 데 사용하였고 다림질을 할

그림 **7** *세탁용 린스*

① 빨래를 헹굴 때 오일을 넣는다.

② 라벤더 위에서 세탁물을 말린다.

때에도 라벤더의 작은 줄기에서 물을 우려내어 옷에 뿌리고 라벤더 향이 배도록 다림질했다고 한다.

이러한 방법은 우리들도 언제나 손쉽게 응용할 수 있는 일이다(그림 7).

손수건이나 작은 것은 손빨래를 하여 로즈메리, 라벤더, 민트의 줄기 위에 세탁물을 말려 보면 허브 향이 배는 것을 알 수 있다.

또는 허브를 모아 말리는 용기 등에 세탁물을 놓아두면 은은한 허브 향기가 스며들어 기분 좋은 허브 향을 체험할 것이다. 세탁할 경우, 마지막 헹굴 때 라벤더나 로즈메리 등의 에센셜 오일을 몇 방울 떨어뜨리면 향기 좋게 마무리되며, 건조기에는 에센셜 오일을 묻힌 티슈를 세탁물과 함께 넣으면 향기가 스며 좋다. 풀을 먹이고 싶은 옷감에는 스타치 속(안)에 에센셜 오일을 첨가해 보는 것도 좋다.

또 주방의 액체 세제에 에센셜 오일을 첨가해서 사용해도 되고 분말 타입의 세제에도 타임, 레몬 그래스, 오렌지 껍질, 레몬 껍질, 민트, 라벤더 등의 분말을 섞어서 사용하기도 한다.

베이킹소다는 요리용뿐만 아니라 허브를 첨가하여 부엌 쓰레기에 뿌려서 냄새를 없애기도 하고 타일을 닦거나 식품 씻는 데 사용할 수 있다.

2. 허브 목욕과 애프터 바스

1) 몸과 마음의 릴랙스 · 리프레시

최근에는 입욕제의 러시라고 할 정도로 여러 가지 종류의 입욕제가 나돌고 있다. 이것은 향기의 효용에 따른 것이라고 생각한다.

허브 목욕은 스트레스 등으로 피로해진 심신을 편안히 릴랙스시킬 수 있다. 식사와 마찬가지로 목욕도 매일 하는 사람들이 많아져서 허브를 이용한 목욕은 자연스럽게 허브의 유용한 효과를 흡수할 수 있는 손쉬운 방법이다(그림 8).

허브 목욕에는 몇 종류가 있다. 드라이 허브나 프레시 허브를 천주머니에 넣은 것을 우려내는 것과 달이는 것, 허브를 비니거에 넣은 허브 목욕 비니거, 에센셜 오일을 식물유로 묽게 녹인 것, 허브에 소금을 넣거나 허브에 우유를 넣는 것 등이 있다. 허브 목욕에 사용하는 허브는 릴랙스나 자극, 치료효과가 있는데, 향기 좋은 허브가 이에 적합하다.

(1) 허브 목욕 즐기는 방법

허브 목욕을 즐기는 방법은 대단히 간단하다.

우선 허브를 채워넣을 주머니를 만들기 위해 가제를 2중으로 하거나 마전(표백한 무명)을 준비해서 손바닥 정도의 크기인 주머니를 꿰매 끈을 끼워놓는다. 거기에 허브를 한 줌 채워 넣는다. 이것을 바스백이라고 하는데, 이렇게 사용하면 허브를 취급하기 쉬워진다.

(2) 허브 목욕의 종류

① 마사지 허브

세이지, 머그워트, 컴푸리루트를 한 줌씩 바스백(목욕용 주머니)에 넣어서 이것을 냄비에 넣고 물을 1*l* 붓는다. 끓고 나면 약한 불에서 10분 정도 더 끓인 후 걸러서 욕조에 넣는다. 또 바스백으로는 몸을 마사지하도록 한다. 엘더, 로즈메리, 타임의 블렌드도 같은 방법으로 사용한다.

② 건성 피부 허브 목욕

오트밀, 아몬드밀, 컴푸리 잎 가루를 같은 양으로 혼합한다.

그림 ⑧ 허브 목욕

③ 지성 피부 허브 목욕

레몬 그래스, 콘밀, 위치 헤이즐, 로즈를 같은 양으로 혼합한다.

④ 니농 드 랑클로의 허브 목욕

17세기 프랑스의 총명하고 아름다웠던 니농 드 랑클로의 허브 목욕법. 86세의 나이에도 불구하고 20대의 피부를 간직했던 비결이 바로 이 목욕법이었다고 전해진다. 그녀는 라벤더, 타임, 로즈메리, 민트, 컴푸리 뿌리를 이용하여 목욕을 하였는데, 뛰어난 미모와 탄력있는 피부를 유지하여 뭇 남성들을 사로잡았다고 한다.

⑤ 슬리밍 허브 목욕

라임플라워, 페니로열, 타임, 오렌지의 잎, 컴푸리루트를 같은 양으로 혼합한 것으로, 땀을 나게 하고 피부의 살결을 개선하는 데에도 도움이 된다.

⑥ 땀이 나게 하는 허브 목욕

마리골드, 타임, 라벤더, 페니로열, 엘더플라워, 머그워트를 혼합한 것이다. 감기로 인해 생기는 근육통이나 열을 땀으로 발산시키고 싶을 때 등에 사용한다.

⑦ 릴랙스한 허브 목욕

라벤더, 샌들우드, 패초리, 오리스루트, 톤카빈(Tonkabean), 우드 럽, 옥모스(Oakmoss), 오렌지의 잎을 혼합한 것으로 향기로운 냄새가 난다.

⑧ 숙면 허브 목욕

카모마일, 로즈, 장미 꽃봉오리, 바질, 라벤더를 혼합해서 베르가모트 에센셜 오일을 몇 방울 첨가한 것으로 편안한 잠으로 이끈다.

⑨ 감기 허브 목욕

유칼리, 레몬 버베나, 민트, 파인니들(Pineneedle), 클로브를 혼합한 것으로 감기 예방이 된다.

⑩ 핸섬 보이 허브 목욕

세이지, 타임, 민트, 로즈메리, 마조람을 혼합한 것으로 약초다운 향기이다.

⑪ 핸섬 우먼 허브 목욕

라벤더, 마조람, 오렌지 플라워, 로즈, 로즈메리를 혼합한 것으로 야무진 여성에게 적합하다.

⑫ 사랑의 허브 목욕

로즈, 패초리, 재스민, 샌들우드, 로즈제라늄을 혼합한 것으로 분위기 있는 밤에 적합하다.

⑬ 아기용 허브 목욕

로즈메리 또는 카모마일이다. 신경질적인 갓난아기의 목욕에 적합하다. 그러나 농도를 아주 엷게 해야 한다.

⑭ 시니어커밍 목욕

오렌지 플라워, 오렌지 껍질, 민트, 컴푸리, 카모마일을 혼합한 것으로 기분을 돋우기 위해 좋은 것이다.

(3) 허브 목욕용 허브의 종류

① 레이디스 맨틀

상처를 치유하는 효과가 있고 수렴성이 있으며, 아랍에서는 부인병에 사용되고 있다.

② 마리골드

다친 홍터나 툭 붉어진 혈관을 가라앉게 하거나 피부를 편안하게 만든다.

③ 야로

강력한 수렴성이 있고 목욕하는 데 오랫동안 쓰여져 왔다.

④ 라임플라워와 네틀

정화작용이 있다. 네틀은 비타민 A와 C가 풍부하고 댄더라이온(민들레)과 함께 사용하면 강력한 클렌징 목욕이 된다.

⑤ 하우스리크(Houseleek)

유명한 스킨 허브로 치료와 자양의 허브 목욕에 사용하며 수렴작용이 있다.

⑥ 카모마일

향긋한 사과와 같은 향기를 가진 허브로서 다방면으로 작용하는데, 특히 아즐렌이라고 하는 성분이 피부 치료에 효과가 크고 정화작용도 있으며, 로즈메리, 호스테일(Horsetail), 파인니들과 혼합해서 사용하면 활력을 주는 허브목욕이 된다. 카모마일을 허브 목욕에 사용한 후에 그것을 살갗에 문질러 발라두면 벌레에 물리는 것을 방지할 수 있다.

⑦ 엘더 플라워

잎, 수피, 과일은 피부를 편히 쉬게 만들고 정화 표백작용도 있다.

⑧ 러비지

잎과 뿌리는 정화시키는 힘과 나쁜 냄새를 제거하는 작용이 있고, 뿌리를 20분 정도 달인 것은 디오도란트 바스가 된다.

⑨ 컴푸리(단백질이 많은 약초)

상처를 치유하고 피부를 부드럽게 하는 힘이 뛰어나다.

⑩ 댄더라이온(민들레) : 뿌리와 잎이 활력을 주고 정화작용도 한다.

⑪ 제라늄

향기가 매우 훌륭하고 로즈, 레몬, 발삼, 애플, 스트로베리 제라늄 등 많은 종류가 있다. 피부에 활력을 주며 미약으로도 사용된다.

⑫ 레몬 그래스와 시트로넬라그래스(Citronellagrass)

피부의 윤기를 좋게 하거나 지방층의 클렌징이 된다. 매우 유용한 허브이다.

⑬ 라벤더

향기가 좋고 소독작용과 악취를 방제하는 작용이 있고, 피부에 활력

을 준다.

⑭ **맬로** : 잎과 뿌리는 상처를 치유하기도 하고 피부를 부드럽게 한다.

⑮ **민트**
피부를 자극하거나 활력을 주고 소독작용이 있으며, 청량감이 있는 향기이다. 상처를 치유하는 작용도 있다.

⑯ **오렌지 플라워** : 피부를 젊어지게 하는 역할을 한다.

⑰ **장미**
로마시대로부터 목욕 허브로써 사용되어 온 허브로, 강장, 수렴(收 斂)작용이 있으며, 주름 예방효과가 뛰어나 피부를 아름답게 가꾸어 준다.

⑱ **로즈메리**
피부에 활력을 주고 수렴작용이 있다. 근육이나 류머티즘의 통증을 부드럽게 한다.

⑲ **스트로베리** : 잎은 허리나 대퇴의 통증을 완화시켜 준다.

⑳ **탄지** : 관절이나 류머티즘, 타박상 등의 통증을 완화시켜 준다.

㉑ **화이트 윌로**(White Willow)
수피를 사용해 류머티즘이나 관절통을 부드럽게 하며 청정작용이 있다.

㉒ **위치 헤이즐**(Witch Hazel)
잎과 수피는 상처를 치유하고 수렴작용 및 살균력도 있어서 탈취효 과도 있다. 뛰어난 허브이다.

㉓ **타임**

살균 소독작용이 뛰어나고 피부 상태를 개선하거나 자극
하기도 하고 탈취작용도 있다.

㉔ **크리바스** : 탈취작용이 뛰어나고 상처를 치유한다.

㉕ **레몬 밤**

수렴작용이 있고 유럽의 허벌리스트는 발작적인 신경성의 통증에 흔
히 사용한다.

㉖ **베이**

소독작용이 있고, 근육이나 타박상 등의 통증을 부드럽게 하며, 리프
레시 효과도 있다.

㉗ **주니 퍼베리** : 근육통을 부드럽게 한다.

㉘ **펜넬** : 약한 강장작용과 청정작용이 있고 피부에 활력을 준다.

㉙ **마조람** : 향기가 좋고, 피로회복에 유용하다.

■ **허브 목욕의 우려내기와 달이기(Infusion & Decoction)**

방법 1 허브를 넣은 바스백을 용기에 넣고 끓는 물 1*l*를 붓고 20~
30분 정도 우려낸다. 이것을 '우려내기'라고 하며, 꽃이나 잎 따위의 보
드라운 부분을 사용하는 허브의 침출방법이다. 이 우려낸 물을 바스백
과 함께 욕조에 넣는다(그림 9).

방법 2 허브를 넣은 목욕백을 냄비에 넣고 물 1*l*를 부어서 끓게 하
고 약한 불로 20분 정도 끓여 우려 삶아낸다. 이것을 '달이기'라고 하
며 종자, 뿌리, 수피, 열매 등 단단한 부분을 사용하는 허브의 추출방법
이다. 이 달인 물을 바스백과 함께 욕조에 넣는다. 스타킹의 깨끗한 부

분을 사용해서 이 속에 허브를 넣는 방법도 있다. 실크 천이면 매우 고상하게 완성된다(그림 9).

이때 욕조 안의 물 온도가 중요한데, 너무 뜨거운 목욕은 기운을 빼앗으나 따뜻한 목욕은 기력을 좋게 하고 긴장을 풀어준다. 또 찬 목욕은 기력에 자극을 준다. 목적에 따라서 목욕물의 온도를 조절하면 된다. 허브 목욕은 몸을 욕조 안에 편안히 푹 담그고 허브의 약효를 느끼며, 릴랙스하는 것이 목적이므로 따뜻한 온도로 입욕할 것을 권한다.

① 허브 바스 비니거
바스 비니거를 만드는 방법에는 두 가지 방법이 있다.

방법 1 프레시 허브 50g(두 주먹 정도) 혹은 드라이 허브 25g을 병에 넣어 순한 사과초나 와인식초를 1*l*를 따르고 밀봉하여 따뜻한 장소에 3주간 둔다. 그 중간에 병을 때때로 흔든다. 그 후 걸러서 거듭 병에 채워 넣는다. 예를 들어 라벤더 비니거를 만들 경우에는 라벤더 6큰술을 사과산 500㎖에 담가 2주일 동안 둔다. 이것을 목욕할 때 물 1*l*를 넣고 거른 후 목욕탕에 부어서 사용한다. 그밖에 로즈메리, 바질, 마조람, 타임 등도 같은 방법으로 사용한다. 허브 대신 다른 에센션 오일을 사용해도 좋다.

방법 2 초(酢)는 법랑 따위 쇠붙이가 아닌 냄비에 넣어 끓어오르게 하고, 불을 끈다. 잘게 썬 프레시 허브 혹은 드라이 허브를 넣어 랩을 덮고 차게 될 때까지 그대로 둔 다음 걸른다. 이렇게 해서 욕조에 넣기도 하고 병에 넣어서 보존한다.

이때, 병은 금속성이 아닌 마개를 하도록 유의한다. 이렇게 해서 만든 허브 바스용 비니거는 목욕하기 직전에 1컵 정도 넣으면 근육통을 완화시키고 피부를 부드럽게 하며, 염증을 가라앉힌다.

② 허브 목욕용 밀크
방법 1 우유 ⅓컵과 허브를 목욕백에 넣어 끓는 물 1*l*를 붓고 우려내기를 한다. 이것을 욕조에 넣는다.

그림 ⑨ 우려내기와 달이기

방법 1

방법 2

바스백

물 1리터를 냄비에 붓는다.

뜨거운물 1리터를 붓는다.

20분 정도 약한 불에서 끓여 침출시킨다.

20~30분 침출시킨다.

(달이기)

(우려내기)

decoction   OR   infusion

방법 2 우유 ½컵에 허브를 2시간 정도 우려내기를 하여 욕조에 첨가한다. 이와같이 두 가지의 방법이 있다. 우유는 피부를 부드럽고 매끈하게 한다.

③ 허브 목욕용 소금
방법 1 용기에 붕사 2컵과 에센셜 오일 30방울을 넣고 잘 섞어서 뚜껑을 덮는다. 다음날 에센셜 오일을 다시 30방울 첨가한다. 마개를 꼭 닫아 2~3시간 두면 완성이다. 욕탕에 들어가기 직전에 3큰술을 첨가한다. 붕사는 방부, 소독작용이 있으므로 이로써 충분히 클렌징이나 디오도란트용(방취용)인 허브 목욕을 즐길 수 있다.

방법 2 용기에 왕소금과 에센셜 오일 1작은술을 섞는다. 욕탕에 들어가기 직전에 욕조에 넣으면 피부의 세정과 발한을 촉진시키는 작용을 한다(그림 10).

그림 ❿ **목욕용 소금**

④ 허브 목욕용 밀
피부를 부드럽게 하는 오트밀, 아몬드밀, 밀기울(Bran)이나, 각질을 제거하고 깨끗하게 하는 콘밀 1컵의 허브를 허브 주머니에 채워서 우려낸 것을 사용한다.

⑤ 허브 목욕용 오일

양질의 식물유에 허브 에센셜 오일을 혼합한 것으로 상온에 보존할 수 있다. 아몬드 오일, 올리브 오일, 참기름, 피마자 기름, 위트점 (Wheat germ) 오일, 아보카도 오일, 사플라워 오일, 선플라워 오일 등을 혼합하든가 한 종류만의 100㎖에 에센셜 오일 1큰술을 잘 혼합해 놓는다. 욕탕으로 들어갈 때에는 1작은술을 욕조에 넣어 손으로 잘 휘저어 섞든가 샤워기를 틀어서 오일을 확산시킨다.

사용하는 에센셜 오일은 로즈, 로즈메리, 민트, 샌들우드, 마조람, 패초리, 유칼리 등이 잘 맞고, 혼합하는 식물에는 위트점 오일을 반드시 혼합하도록 하면 산화를 막을 수 있다. 피마자유는 물에 잘 확산되기 때문에 단독으로 사용해도 취급하기 쉬운 기름이다. 이 허브 목욕용 오일은 바디 마사지용으로도 사용할 수 있다.

⑥ 허브 워싱백

• 건성 피부용 : 오트밀 2큰술, 드라이 허브 2큰술, 카스틸 비누를 갈아 내린 것 1큰술을 무명자루에 채워 넣은 것이다.
• 지성 피부용 : 콘밀 2큰술과 드라이 허브 2큰술을 함께 주머니에 넣고 꿰매든가 단단히 묶는다(그림 11).

어느 쪽이나 워싱백을 세안에 사용할 수가 있어서 속에 들어 있는 것이 전부 없어질 때까지 사용할 수 있으므로, 사용 후는 꼭 짜서 통풍이 잘 되는 장소에 매달아 놓는다.

카스틸 비누는 스페인의 카스틸리아 지방에서 생겨난 것으로써, 올리브유와 가성(苛性)소다만으로 만들어진 무색비누로 향료를 사용하지 않았기 때문에 자가제(自家製)인 샴푸, 클렌징 크림, 허브 비누 등을 만들 때에도 사용할 수 있다.

그림 ⑪ 목욕 세안백 (washing bag)

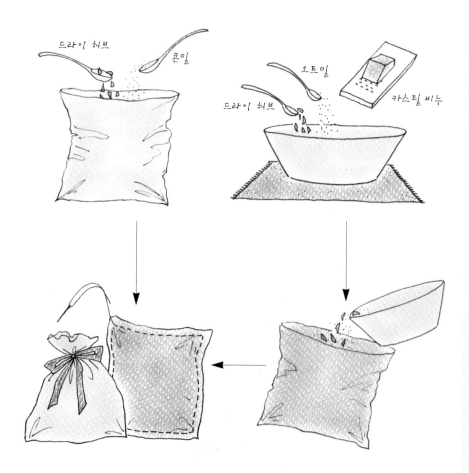

⑦ 허브 바디로션 오일 (그림 12)

샤워나 목욕 후 보습이나 영양을 위해 로션이나 오일이 꼭 필요하다. 먼저 적은 수량씩 만들어 보고, 살결에 맞는 것을 찾아낸다.

• 살구 시나몬 바디오일 : 살구씨 오일(아프리코트) 8큰술에 시나몬 에센셜 오일 3방울을 병에 넣어서 잘 섞는다.

그림 ⑫ **애프터서비스**

- 오렌지 플라워 바디로션 : 로즈 워터 300㎖에 붕사 1작은술을 넣어 잘 녹인 다음 이것을 따뜻하게 데운 올리브유 2큰술과 함께 병에 넣고 잘 흔들어 섞는다. 거기에 오렌지 플라워 워터 5작은술을 넣는다.
- 라놀린 아몬드 바디오일 : 라놀린(羊毛脂) 8큰술을 냄비에 넣어서 강한 불로 데워 녹이고, 아몬드 오일 4큰술을 첨가한다. 식을 때까지 잘 휘저으며 섞어서 좋아하는 에센셜 오일을 첨가해 병에 채운다.
- 선번 오일 로션 : 냄비에 마시맬로의 뿌리와 컴프리 뿌리, 아보카도 오일, 화이트 와인 각 ½컵을 넣어서 뚜껑을 덮는다. 약한 불로 20분 끓여서 거른다. 식은 후에는 사용할 수 있는데 햇볕에 탄 부분에 바른다.

⑧ 허브 바디 파우더

주방에 있는 상신분(上新粉), 베이킹소다, 오트밀, 콘스타치와 허브, 활석을 사용해서 간단하게 바디 파우더를 만들 수 있다. 오트밀과 허브의 짝맞춤은 아기들 기저귀 발진(갓난아기나 환자 등)이나 피부의 자극을 부드럽게 한다.

- 라벤더 파우더 : 라벤더 30g을 갈아서 오리스루트 파우더 30g, 콘스타치 30g을 첨가해서 혼합한다.
- 샌들우드 파우더 : 활석 30g, 계란 껍질(간 것) 30g, 샌들우드 파우더 15g을 잘 혼합시킨다.
- 로즈 파우더 : 활석 30g, 계란 껍질(간 것) 30g을 잘 혼합해서 로즈 에센셜 오일(로즈제라늄이라도 좋음)을 1방울씩 휘저어 섞으면서 첨가한다.

(4) 헤어 케어

허브에 포함된 성분은 피부와 마찬가지로 모발에도 효과적인 작용을 한다. 모발에 필요한 영양분을 주고 자연스럽게 윤기를 내게 한다. 또 두피로도 침투하여 피지분비를 조절하고 거친 피부의 트러블을 완화시키는 효과도 한다.

세정력이 있는 소프워트는 물에 담그면 사포닌 성분 때문에 거품이 인다. 부드러운 거품과 자극이 적은 세정력은 모발에 부담을 주지 않는 샴푸가 된다. 약간 시간이 걸리지만 델리킷한 모발이나 피부를 가진 사람의 샴푸로 적당하다.

① 헤어 케어용 허브

- 모발이 건성일 때 : 머리를 감고 나도 윤기가 나지 않고 부스스한 느낌이 들 때 컴푸리, 엘더플라워, 마시맬로, 파슬리, 세이지, 스팅잉 네틀 (Stinging Nettle)을 이용해 모발을 관리한다.
- 모발이 지성일 때 : 매일 머리를 감는데도 피지선의 활동이 활발해 모발

에 기름기가 생길 때는 마리골드, 호스테일, 레몬 밤, 라벤더, 민트, 로즈메리, 서던우드, 위치 헤이즐, 야로, 레몬 그래스를 사용해 손질한다.
• 비듬 제거용 허브 : 카모마일, 갈릭, 어니언, 파슬리, 로즈메리, 서던우드, 스팅잉 네틀, 타임, 구즈그래스(goosegrass)를 사용한다.
• 두피에 자극을 주는 허브 : 캐트민트(꽃, 잎), 카모마일, 컴푸리 등을 이용해 두피 마사지를 한다.
• 두피에 대한 강장작용 : 마리골드, 호스테일, 라임플라워, 나스터튬, 파슬리, 로즈메리, 세이지 등이 있다.

② 소프워트 샴푸

소프워트의 줄기나 잎 한 주먹 또는 뿌리를 30g 잘게 잘라서 모발의 질과 맞는 허브 한 주먹과 함께 냄비에 넣는다. 끓는 물 500㎖를 첨가해서 30분 정도 둔다. 걸러서 식으면 바로 사용한다. 잎을 사용했을 경우에는 뿌리보다 거품이 적다.

③ 허브 헤어 린스

모발의 질에 맞는 허브 1큰술에 끓는 물 3컵을 붓고 식으면 걸러서 사과식초 1큰술을 첨가한다. 또 허브 2큰술에 끓는 물 3컵을 붓고 차가워지면 거른다. 이것을 세숫대야에 넣고 샴푸로 감은 뒤 모발에 스며드는 것같이 되풀이해서 문지르며 헹군다.

④ 오일 헤어 트리트먼트

호호바유 2큰술에 로즈메리 에센셜 오일을 6방울을 첨가해 조금 데운다. 이것을 모근과 두피에 문지르고 스팀 타월을 머리에 두르고 나서 비닐 샤워캡을 쓰고 20~30분 그대로 둔다. 그 후에 샴푸를 한다.

3. 허벌 스킨 케어와 디오도란트

허브의 작용으로 피부를 아름답게 하면서 몸냄새를 없애고, 향기나는 미인으로 가꿀 수 있다.

1) 스킨 케어

이집트 시대로부터 허브는 건강과 미용에 빠지지 않는 식물이었다. 피부의 건강 상태는 심신 내부의 건강 상태 그대로를 나타내는 것이므로 매일 하는 식사, 운동, 휴식의 균형 잡힌 생활이 무엇보다 중요하다. 그 다음으로 중요하게 꼽을 수 있는 허브는 내·외부의 자극으로 거칠어진 피부에 온화한 약효가 밸런스 좋게 작용을 하여 서서히 본래의 피부를 되찾도록 해 주는 작용을 한다.

과학의 진보와 더불어 여러 가지 유해 화학물질이 사람이나 동물에게 주는 나쁜 영향에 대해 최근 규명되고 있지만, 자연의 선물인 허브는 필요한 성분만 체내에 남고 나머지 성분은 체외로 배출된다는 점이 매우 주목할 만한 일이다. 따라서 화학물질과 허브의 장점을 병용해 간다면 건강과 미용에 큰 도움이 될 수 있을 것이다.

허브의 약리적 특성으로 피부청정, 진정 및 밸런스 회복, 보습, 영양공급 등이 있기 때문에 피부 상태에 맞춰 올바르게 사용한다면 스킨 케어에 큰 효과를 볼 수 있다.

요컨대, 허브의 미용효과는 피부청정, 피부정돈, 영양공급의 3스텝을 그 포인트로 하고 있다.

얼굴의 경우라면, 우선 메이크업을 클렌징으로 닦아내고 비누로 씻은 뒤 토너로 피부를 정돈하고(필요에 따라 에몰리엔트 스킨이나 스킨 소프너로도 사용) 나리싱으로 영양을 준다. 메이크업을 지우는 데는 호호바 오일이 냄새가 없어 좋고, 피부에 주는 자극도 적으므로 한 병 있으면 편리하다. 호호바만으로 부족하다고 생각되는 사람은 1~2방울의 라벤더, 로즈, 카모마일 등의 에센셜 오일을 첨가해서 사용해도 좋다. 이 오일은 마사지나 바디오일로 사용할 수 있다. 그 뒤에 비누로 꼼꼼히 세안을 해 주어야 하는데, 이때 스크럽 세안이 좋으면 오트밀이나 밀기울에 허브를 섞은 것으로 세안을 해도 좋은데, 이것은 오래된 각질을 제거하고 수분을 공급해 주는 이점이 있다. 평소 메이크업을 진하게 하는 편이라면 클렌징 로션으로 한 번 더 닦아내는 것도 좋다.

또 세안 후에 피부 깊숙이 있는 노폐물을 제거하기 위해 페이셜 스팀도 효과적이다. 페이셜 스팀은 클렌징의 효과적인 방법 중의 하나이다. 클렌징용 허브에서 좋아하는 것을 골라 4큰술을 용기에 넣어 끓는 물 1ℓ를 붓고 얼굴에 허브의 증기를 쏘이는 방법이다. 코막힘이 있을 때 하면 일석이조이므로, 한 번 시도해 볼 것을 권한다(그림 13).

허브 중에는 그 특성이나 작용을 몇 개씩 겸하고 있는 것이 있으므로 좋아하는 향기를 쉽게 선택하면 좋겠지만 그렇지 않은 경우에도 반복해서 시험해 보면 자신의 피부에 맞는 것을 찾을 수 있다.

(1) 클렌징용 허브

댄더라이온, 네틀, 장미, 야로, 로즈메리, 라벤더, 타임, 엘더플라워, 포트 마리골드, 소프워트, 컴프리, 차빌, 카모마일, 민트, 세이지, 라임플라워가 있다(그림 14).

① 클렌징 크림

비왁스 25g, 코코아버터 25g, 스위트아몬드 오일 4큰술을 중탕으로 따뜻하게 하여 녹이고, 카모마일 우려낸 것 4큰술을 첨가해 잘 휘저은 다음 마개를 덮은 병에 넣어 클렌징

그림 ⑬ 페이셜 스팀

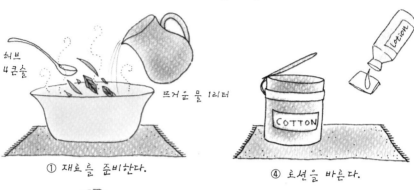

허브
4큰술

뜨거운 물 1리터

① 재료를 준비한다.

④ 로션을 바른다.

② 얼굴을 수증기로 찐다.

⑤ 팩을 한다.

③ 타월 등을 뒤집어쓴다.

⑥ 피부가 리프레시한 느낌이 든다.

하기 전에 흔들어서 사용한다.

② 클렌징 오일 만드는 방법

• 식물성 오일인 그레이프시드 오일, 위트점 오일, 스위트아몬드 오일, 사플라워 오일, 올리브 오일, 호호바 오일, 아몬드 오일도 클렌저로서 우수하다. 이 오일에 클렌징용 허브를 담가 2주 정도 두었다 향기가 옮겨지면 걸러서 사용하는 것도 클렌저로선 효과가 좋다. 이때 오일과 허브의 비율은 2 : 1로 한다.

• 라벤더 2방울, 카모마일, 레몬 각 1방울씩을 캐리어 오일 30㎖에 섞는다(얼굴용).

③ 페이셜 스팀

다양한 클렌저용 허브에서 취향에 맞는 것을 골라도 좋고 다음과 같이 블렌딩하여 보아도 즐거운 페이셜 스팀을 즐길 수 있다.

라벤더, 카모마일, 레몬 각 1방울을 볼에 담겨진 끓는 물에 떨어뜨리고 김을 쐰다. 또 네로리와 주니퍼, 라벤더의 배합도 좋다.

(2) 팩

페이셜 스팀을 한 후 로션을 바르고 팩을 하면 피부의 긴장감 해소 및 리프레싱에 효과적이다.

① 지성 피부용 팩

팩은 주로 지성 피부에 큰 효과를 발휘한다. 야로 우려낸 것 2큰술, 요쿠르트 2큰술, 오트밀 가루 2~3큰술(걸죽하도록 한다)을 용기에 넣고 잘 섞으면 팩제가 된다. 이것을 눈과 입 주위를 피해 다소 두툼한 느낌으로 바른다.

편안히 누워 팩제가 마를 때까지 10~15분 기다리다가 얼굴이 당기면 우선 미지근한 물로 충분히 헹궈내고, 마지막에는 찬물로 헹궈 피부에

산뜻한 긴장감을 준 다음 사용감이 마일드한 모이스처 로션을 바른다.

② 건성 피부용 팩
피부를 부드럽고 촉촉하게 오래 유지시켜 주는 팩이 있다. 드라이이스트 1작은술, 위트점 오일 ½작은술, 샐러드 버닛 우려낸 것 2큰술을 섞어 얼굴에 바르고 10분간 누워 있는다. 미지근한 물로 충분히 씻은 뒤 모이스처 로션을 바른다.

③ 중성 피부용 팩
강장작용이 있는 팩이 있다. 요쿠르트 3큰술, 벌꿀 3큰술, 오트밀 가루 2큰술, 펜넬 씨 우려낸 것 3큰술을 섞어 얼굴에 바르고 10분간 누워 몸을 편안히 한다. 미지근한 물로 씻고 나서 모이스처 로션을 발라둔다.

(3) 토닉용 허브(피부 활력 공급을 위한 허브)

① 아스트린젠트(수렴성 화장수)용 허브
야로, 레이디스 맨틀, 세이지, 포트 마리골드, 레몬 그래스, 라벤더, 댄더라이온, 파슬리, 펜넬, 로즈메리, 엘더플라워, 호스테일, 콘플라워가 있다.

② 에몰리엔트(피부 완충작용을 위한)용 허브
마시맬로, 로즈, 컴푸리, 스위트 바이올렛, 보리지, 엘더플라워, 스트로베리 잎, 샐러드 버닛, 카모마일, 맬로, 펜넬 씨 등이 있다.

(4) 수분 공급용 허브

① 기본적인 수분 공급용 스킨 만드는 방법
간단하게 만들 수가 있다. 글리세린 2큰술, 로즈 워터 2큰술, 마리골

그림 ⑭ 클렌징용 허브 워터 만들기

피부에 맞는
허브 2 큰술

피부에 맞는
허브 2 큰술

물 600 미리리터

뜨거운 물
600 미리리터

20분 정도 약한 불로 끓인다.

2~3시간 그대로 둔다.

거른다.

거른다.

Decoction

Infusion

(달이기)

(우려내기)

드 워터 2큰술을 혼합한 것으로 마개를 덮은 병에 넣어서 냉장고에서
보존한다.

• 마리골드 워터 만드는 방법(생화 사용)

마리골드 25g을 볼에 넣고, 뜨거운 400㎖의 미네랄 워터를 부어 뚜껑
을 덮고 2~3시간 두었다가 거른 후, 다시 25g의 마리골드를 첨가하
고 뚜껑을 덮어 2~3시간 둔 후 걸러서 사용한다.

• 로즈 워터 만드는 방법(생화 사용)

로즈 225g을 볼에 넣어 300㎖의 뜨거운 미네랄 워터를 부어 2~3시
간 그대로 두었다가 걸러서 사용한다.

② 수분 공급용 로션

자기 피부에 맞는 허브를 선택해 우려낸 2큰술에 벌꿀이나 글리세린
1큰술을 첨가하면 완성된다.

③ 수분 공급용 크림

양질이며 향이 없는 모이스처라이징 크림을 100g 녹여서 펜넬 씨를
우려낸 물 2큰술을 첨가해 잘 휘저어 섞으면 완성이다.

(5) 나리싱(영양 공급)용 허브

아몬드 오일, 사플라워 오일, 헤이즐넛 오일, 위트점 오일, 아보카도
오일, 포트 마리골드가 있다.

(6) 페이셜 트리트먼트 오일

① 중성 피부용
프랑킨센스, 제라늄 각 6방울, 재스민 3방울, 라벤

더 12방울을 50㎖의 캐리어 오일에 섞어 마사지한다.

② 건성 피부용

카모마일, 로즈, 샌들우드 각 8방울을 50㎖의 캐리어 오일에 섞어 마사지한다.

③ 지성 피부용

• 시더우드 8방울, 일랑일랑 6방울, 레몬 10방울을 50㎖의 캐리어 오일에 섞어 마사지한다.
• 로즈메리 프레슈너
  볼에 끓는 물 한 컵 반(300cc)과 로즈메리 잘게 썬 것 2큰술을 넣은 다음, 뚜껑을 덮고 식을 때까지 둔다. 이것을 걸러서 여기에 같은 양의 레몬즙과 계란 흰자 1개분을 휘저어 섞어서 마개가 있는 병에 넣어 냉장고에 보관한다.

(7) 화이트닝용(미백용) 허브

엘더플라워, 라임플라워, 카모마일, 로즈, 레몬이 있다.

(8) 주름 제거용 허브

펜넬, 컴푸리, 라임플라워, 레이디스 맨틀, 레몬 밤이 있다.

(9) 헝가리 워터 만드는 법

헝가리 워터라는 것은 14세기 헝가리의 엘리자베스 왕비에 의해 붙여진 콜로뉴(Cologne)으로, '엘리자베스 왕비의 물' 또는 아름다움을 유지하게 한 '영혼의 물'이라고 불리고 있다.
이 헝가리 워터는 콜로뉴의 원형이라고 알려져 있는데, 당시 70세였던 엘리자베스 왕비는 지병으로 수족의 마비와 통풍(痛風)의 치료에 행자(行者)로부터 헌상 받았던 헝가리 워터롤을 사용했다고 한다. 헝가리 워터를 온몸에 바를 뿐 아니라 입욕제, 화장수 등으로 사용한 엘리자베스 여왕은 몸이 치유됨은 물론이고 더욱 아름다워졌다는 일화가 전해지는데, 72세(혹은 77세였다고도 불리고 있음) 때에 폴란드 국왕으로부터 구혼받았다고 하는 이야기는 너무나도 유명하다.

당시 사용한 헝가리 워터의 주요 성분은 로즈메리나 시더우드였는데, 점차 변화해오면서 다양하게 처방되었다고 한다. 그중 3가지를 소개한다. 참고하기 바란다.

첫 번째, 재료는 드라이 라벤더, 로즈메리, 맬로와 양질의 브랜디를 준비한다. 준비된 재료를 브랜디에 넣고 숙성시켜 사용한다.

두 번째, 재료는 로즈메리 오일, 레몬 오일, 오렌지 워터, 로즈 워터, 알코올 또는 보드카, 방법으로는 에센셜 오일을 블렌드하고 나서 알코올을 첨가해서 휘젓는다. 다음으로 오렌지 워터와 로즈 워터를 첨가해 혼합하여 사용한다.

세 번째 방법으로, 재료는 로즈메리, 민트, 로즈 워터, 보드카, 잘게 자른 오렌지 껍질, 이 재료들을 모두 합하여 만든다.

이 헝가리 워터는 콜로뉴처럼 사용한다. 그러나 알코올 성분이 들어갔기 때문에 트러블이 생길지 모르므로, 일단 시험하고 나서 사용하는 것이 안전하다.

여기에서 세 번째 방법은 필자들이 현재 스킨으로 유용하게 활용하고 있는 헝가리 워터인데, 그 효과가 매우 좋다.

2) 허브 디오도란트(방취제)

허브에는 살균, 항균, 냄새 제거 등 다양한 기능을 가지고 있는 것이 많다. 인간은 입으로 숨을 쉬고 피부도 호흡하며 노폐물을 배설하고 있다. 특히 초등학교의 고학년생부터 고교생까지의 시기가 가장 피부 분비작용이 왕성한 때이다. 특히 운동을 하고 있을 때 먼지와 땀이 뒤범벅되어 불쾌한 상태가 되므로 샴푸, 샤워, 목욕은 몸을 청결히 하기 위해 반드시 필요하다.

(1) 구강 디오도란트

이(齒)나 잇몸 등의 병은 치과에서 치료하는 것이 당연하지만 미리 예방하는 일은 집에서도 충분히 가능하다. 이를 닦거나 잇몸 마사지, 양치질, 음식물을 섭취하는 방법 등도 영향을 받는다. 파슬리, 워터크레스, 래디시(파종하고 한 달 이내에 먹을 수 있는 무), 비트, 당근, 셀러리, 사과 등의 식품들도 입냄새 예방에 좋다.

프레시 페퍼민트의 허브 티, 로즈 워터도 양치질에 도움이 된다. 라벤더 워터는 이와 잇몸을 위해 좋다. 스파이시한 마우스 워시는 로즈메리, 아니스, 민트 각 ¼작은술에 끓는 물을 500㎖ 부으면 완성된다.

요즘은 치약도 종류가 많아서 선택의 폭이 넓어졌지만 집에서 만들어 쓸 수도 있다. 가장 간단한 것으로, 예로부터 사용되고 있는 것은 소금이다. 세이지도 이를 하얗게 하고 잇몸을 튼튼하게 하는 것으로 알려져 있는데, 이 방법은 아메리칸 인디언이 입 청정에 사용했었고, 아랍 사람들은 오늘날에도 사용하고 있다고 한다.

치석 제거에는 레몬 껍질이 좋고, 잇몸이 부었을 경우 마시맬로의 조각을 잇몸과 뺨 사이에 넣어두고 아침 저녁으로 교체해 주면 부은 것을 가라앉히는 데 효과가 있다.

또 잇몸 부은 곳에 골든실(Goldenseal)의 분말을 소금에 섞어서 사용하거나 칫솔로 비벼주면 효과적이다.

그림 ⑮ 세이지로 만드는 치약

소금
2 큰술

프레시 세이지
2 큰술

① 준비된 재료를 섞는다.

④ 바삭바삭하게 될 때까지 굽는다.

② 분말이 되게 간다.

⑤ 다시 한 번 잘 섞어서 가루로 만든다.

③ 전자레인지에서 따뜻하게 한다.

⑥ 사용할 때마다 칫솔에 묻힌다.

클로브를 씹는 것도 치통의 응급조치가 된다. 세이지로 만드는 치약은(그림 15) 한 주먹의 세이지와 소금을 섞어 빻아 오븐으로 건조시켜 잘 섞어서 용기에 넣어 보존한다. 물에 젖은 칫솔을 용기에 꽂아 놓지 않는 일이 가장 중요하다.

(2) 암피트 디오도란트(겨드랑이 냄새를 제거해 주는 허브)

겨드랑이도 몹시 땀이 잘 나는 곳이다. 비단 여름뿐만 아니라 겨울에도 의외로 땀이 나기 때문에 1년 내내 주의해야 하는데, 샤워나 목욕

그림 ⑯ **디오도란트 목욕용 파우더**

- 오렌지 껍질 분말 1큰술
- 레몬 껍질 분말 1큰술
- 베이킹소다 2큰술

- 시나몬 1작은술
- 코리안더 1작은술
- 몰약 1작은술

- 라벤더 1작은술
- 타임 1작은술
- 클로브 ½작은술

블렌더로 분말이 되게 한다.

바스파우더

욕조

후에는 녹인 백반을 비벼 바른 다음 허브용 파우더를 바르는 것도 한 방법이다(그림 16).

① 클로브 ½작은술, 몰약(Mgrrh), 타임, 코리안더, 시나몬 각 1작은술, 라벤더 2작은술을 혼합해서 분말로 한다. 많이 만들어 놓으면 디오도 란트 목욕용 파우더로 목욕할 때에도 사용하면 효과적이다.
② 베이킹소다 2큰술, 레몬 껍질 분말, 오렌지 껍질 분말 각 1큰술을 잘 섞은 것을 샤워나 목욕 후에 겨드랑이 밑에 문질러 바른다.

(3) 몸의 디오도란트

평소의 식생활과 체질에 의한 것이기도 하지만 기본적으로 몸을 항상 청결하게 하기 위해서는 방취효과가 있는 허브, 향기 좋은 허브를 목욕할 때에 사용하면 다소 완화된다.

젊은 연령층은 피지 분비가 왕성하기 때문에, 나이가 들면 신진대사가 원활하지 않기 때문에 체취의 원인이 되는 것이다. '나이가 들어 땀도 흘리지 않는다.' 는 생각으로 한 번 착용했던 옷을 세탁하지 않고 다음에 그대로 입거나, 걸어놓고 며칠이 지난 후에 또 그 옷을 입는 것은 냄새의 원인이 된다.

특히 견직물이나 모직물은 냄새를 흡착하기 쉬우므로 주의해야 한다. 아무리 훌륭한 디자인이나 재질이 좋은 것이라도 세탁하지 않고 입는다면 품위가 손상된다. 세이지, 러비지, 크리바스, 피버퓨, 라벤더 오일, 캄파 오일, 패초리 오일은 허벌리스트들이 흔히 사용하고 있는 것들이다.

중국에서는 심한 땀냄새를 조절하기 위해 진한 세이지의 침출액, 러비지, 크리바스의 침출액을 사용하고 있다. 또 침출액을 목욕할 때나 암내 제거에도 사용한다.

허브 비니거는 피부 상태를 정리해 주고 디오도란트로도 이용된다.

향기 좋은 허브 비누를 샤워나 목욕할 때에 사용하는 것도 효과적이다. 같은 계통의 향기로 바디 로션이나 파우더, 콜로뉴를 몸에 바른다면 더할 나위 없이 좋을 것이다.

아랍 사람들은 패초리 잎이나 베티버트(Vetivert)의 뿌리나 에센셜 오일을 베개나 매트에 사용하였다고 하는데, 이불, 요, 베개 커버 등에 넣어 간단히 즐길 수 있다.

그림 ⑰ **발 방취제**

비누로 발을 깨끗이 씻는다.

①

따뜻한 물에 라벤더 에센셜 오일 1~2방울을 넣고 족욕한다.

콘스타치 ½컵
활석 ½컵
알코올 1작은술
붕산 2큰술
페퍼민트 오일 1작은술

②

양말 등을 신기 전에 문질러 바른다.

67

(4) 족욕 디오도란트

대야에 더운물을 담고 라벤더의 에센셜 오일을 1~2방울 첨가한 다음 비누로 씻은 깨끗한 발을 5~10분 정도 담그고 있으면 디오도란트 및 피로회복에 효과가 있다.

그 뒤에 시판하는 활석 ½컵, 붕산 2큰술, 콘스타치 ½컵, 페퍼민트 에센셜 오일 몇 방울, 알코올 1작은술을 혼합해 용기에 넣어 숙성시킨 것을 발에 문질러 바른다. 구두를 신기 전에 문질러 발라도 좋다(그림 17).

(5) 지성 모발 디오도란트

아침에 샴푸를 하고 나왔는데 얼마 지나지 않아 모발이 끈적거리는 것이 지성 모발을 가진 사람의 고민이다. 밤에 샴푸하고 나서 아침에 일어나 보면 왠지 끈적끈적 달라붙는 것 같은 느낌이 들 때도 있다.

이는 피지분비가 남들보다 왕성하기 때문이므로, 두피의 피지 분비를 저하시키는 손질이 필요하다.

여기서 인도의 미용가 샤나즈후세인 부인의 헤어토닉을 소개하면 사과산, 양파즙, 생강즙, 계란 흰자 각 1큰술을 혼합한 다음 두피에 비벼 바르고 20분 후 씻어내는 방법이다. 사과초 2큰술, 생강즙 1큰술과 레몬즙을 조금 혼합해 사용해도 효과가 높다.

다음은, 한 번 사용하고 난 홍차의 티백 10개에 끓는 물 1컵을 붓고, 프레시민트의 잎 10개와 레몬 ½개 분량의 즙을 첨가해서 식을 때까지 둔다. 민트의 살균력을 이용하여 모발의 질을 좋게 해 주는 린스인데, 주 1회 정도만 사용해야 하는 주의 사항을 지켜야 한다.

지성 모발인 경우에는 브러싱을 너무 강하게 하면 오히려 피지 분비를 촉진하게 되므로 브러시에 가제를 씌워 라벤더 에센셜 오일을 몇 방울 떨어뜨린 뒤 가볍게 브러싱하는 것이 디오도란트에 도움이 된다. 같은 방법으로 라이스 파우더를 뿌려서 브러싱하면 모발의 피지를 흡수해 준다.

(6) 차 안이나 실내의 디오도란트

차 안의 냄새는 정말 신경이 쓰인다. 차 내부 자체의 냄새는 잘 빠지지 않는 데다가 특히 비좁은 차내에서의 흡연은 냄새를 한층 더 배게 만든다. 요즘은 택시에도 방향제를 비치하는 등 신경을 쓰는 사람들이 많이 늘어났지만 차내의 디오도란트는 달콤한 향기보다도 사이프러스 향, 민트, 레몬, 라벤더, 로즈메리, 타임 등의 산뜻한 향기가 더 잘 어울린다.

실내도 마찬가지로 담배연기로 인해 니코틴 냄새가 배어든다. 따라서 헤비스모커의 방은 인테리어의 소재에서부터 냄새가 잘 배어들지 않는 건재(建材)를 선택하는 것이 좋으며, 또 세탁이 잘 되는 무명천으로 만든 커튼이나 의자 커버가 적합하다. 신경에 거슬리는 냄새를 조금이라도 완화시키기 위해 퍼퓸디퓨더(향 분무기)를 사용하기도 하고 인센스를 피우기도 하며, 룸스프레이를 사용하는 것도 하나의 지혜이다.

화장실에는 디오도란트 스프레이를 상비해 두면 누구라도 자연스럽게 사용하게 되므로, 그 뒷사람도 불쾌한 느낌 없이 화장실을 이용할 수 있다. 여행갈 때 준비해 가면 타인과 같은 방을 사용할 때 쾌적하게 지낼 수 있어서 좋다.

(7) 그 외의 디오도란트 만드는 법

① 오렌지 껍질 파우더, 레몬 껍질 파우더, 오리스루트 파우더를 각 ½컵씩 섞어서 사용한다.
② 라벤더 파우더와 레몬 껍질 파우더를 각 1컵씩 섞어서 사용한다.
③ 카모마일 파우더, 마리골드 파우더, 컴푸리루트 파우더를 각 ½컵씩 섞어서 사용한다.
④ 세이지 파우더와 레몬 껍질 파우더를 각 1컵씩 섞어서 사용한다.

II

허브로 심신을 건강하게 만드는 비결

허브는 하느님이 인간에게 주신 은혜의 식물로서, 먹는 것과 병을 치료하는 약으로 오랜 역사를 갖고 있다. 다음은 그러한 것을 알아보기로 한다.

1. 몸의 건강

1) 허브를 이용한 푸드 케어(Food care)

모든 병의 근원은 마음에서 시작된다는 말이 있다. 이와 같이 몸과 마음, 신체와 정신은 밀접한 관계가 있다. 또한 건강과 식사의 관계는 굳이 말하지 않아도 누구나 잘 알고 있듯이, 맛있게 식사를 하기 위해서는 우선 신선하고 좋은 소재를 이용하는 일이 제일 중요하다.

가정에서는 먼저 맛있는 쌀로 알맞게 밥을 짓고 간이 맞는 된장국, 맛깔스런 찬류, 싱싱한 생선, 바다내음이 나는 김이나, 미역무침 등이 있으면 더할 나위 없다. 그런데 최근에 와서는 식생활의 서구화로 빵을 좋아하는 사람들이 증가하여 반찬까지도 '서양식이 좋다'라는 말을 하는 사람도 있을 정도인데, 어느 식이든 밸런스가 맞는 식사를 하면 상관이 없다. 그런데 거기에 유익하게 이용되어 온 것이 허브나 향신료인데, 사람들은 본능적으로 이미 오래 전부터 허브를 능숙하게 사용해 왔다. 약초로서 병치료에, 향초로서 요리에 사용하기도 했으며, 가정생활에 이용해 오고 있다.

허브의 특성인 소화촉진, 방부, 항균, 강장, 진정, 혈액정화, 건위정장

(健胃整腸), 소염, 식욕증진, 살균, 산화 방지작용 등 허브의 종류에 따라 각각 다양하지만 하나의 허브에서 여러 가지 특성을 함께 가지고 있는 것도 많으므로 상승효과를 생각하여 요리에 더 넣거나 블렌딩하여 기호에 맞는 허브를 사용할 수 있다.

식사라고 하는 것은 아침, 점심, 저녁 매일 세 끼와 간식, 야식 등을 필요에 따라 먹게 되는데, 단순히 배를 채운다는 의미보다는 그때그때 용도에 적절한 허브를 활용하면서 향과 맛을 함께 느낀다면 더욱 즐겁고 건강한 식사가 될 것이다.

(1) 감기에 좋은 허브

세계 각국에서 마늘의 여러 가지 이용법, 치료법이 연구되고 있다.

인간이 마늘과 접한 지 6천 년이나 지났지만 변함없이 요리용, 약용으로서 우리에게 지대한 공헌을 하고 있다. 감기, 기침, 기관지염, 카타르 등에 좋고, 당뇨병의 혈당치를 정상으로 한다. 이미 암이나 에이즈에 관한 연구도 진행되고 있다고 한다. 마늘의 별명을 'Stirnkin rose, Healingall'이라고 하는 것은 꼭 들어맞은 명명이라고 생각한다. 이렇게 우리들과 친숙한 마늘은 대표적인 허브의 하나라고 할 수 있다.

마늘을 이용한 차이니스 드레싱 만드는 법을 소개하면 다음과 같다. 차이니스 드레싱은 마늘 1통을 잘게 빻아서 설탕 1작은술, 식초 3큰술, 간장 3작은술, 참기름 1작은술과 잘 혼합시킨 것이다. 오이의 드레싱이나 가지를 쪄서 차게 한 다음 차이니스 드레싱을 뿌려 먹으면 양식을 먹을 때나 술안주에도 좋다.

감기는 흔한 질병이지만, 만병의 근원이라고 일컬어지고 있는 만큼, 우습게 넘길 수는 없다. 오히려 감기가 원인이 되어 죽음에 이르는 일마저 있다. 특히 노인들에게는 치명적이다.

좋은 향기는 건강 만들기에 유용하고, 악취는 병이 된

다는 사고방식이 아득한 옛날부터 있었고, 전염병이 유행하던 시절에는 온 집안이나, 길가에도 향기가 좋은 허브를 태워서 공기를 깨끗이 하는 데 주력했었다.

오늘날에도 우리 주변을 좋은 향기로 가득하게 하면 감기 예방에 도움이 될 것이다. 또 감기에 걸리려고 하거나 이미 걸렸어도 청정한 효과가 있는 허브를 효과적으로 사용한다면 제2차 감염이나 타인에게로의 전염 예방에 도움이 된다.

(2) 감기 예방

몸을 따뜻하게 하고 기운을 돋우며, 인후통에 좋은 수프나 리저트 또는 향신료의 효험이 있는 티·오·레를 권한다.

① 인스턴트 리저트

인스턴트 리저트라고 이름을 지은 서양식 죽은, 밥 1컵을 물로 헹구고 대나무 광주리 등에서 물기를 다 뺀다. 사프란 한 줌을 5컵 정도 물에 담가 놓고 마늘 1쪽, 양파 1개는 아주 잘게 썰고, 완숙 토마토 2개, 감자 1개는 굵게 썰어 놓는다. 냄비에 밥을 넣고 썰어놓은 마늘, 양파, 토마토, 감자와 사프란을 건져낸 물, 브이온 2개, 타임, 세이지, 파슬리 각 1잎 정도를 넣어서 국물이 자박자박할 때까지 푹 익힌다(이때 뭉클어지게 휘저어 섞지 말 것).

불을 끄고 계란을 좋아하는 사람은 계란을 넣은 후 차이브를 잘게 썰어 넣고 소금, 후추로 맛을 낸다.

② 티·오·레

우유는 저온살균 우유 또는 지방분을 빼고 싶을 때에는 저지방우유, 탈지분유를 사용한다. 냄비에 우유 2컵, 카르더멈(Cardamom) 2알, 클로브 2개, 시나몬 1cm, 생강 얇게 썬 것 2조각을 넣어서 끓어오르기 직전에 불에서 내린다. 미리 주전자에 만들어놓은 홍차 1컵과 냄비의 우유를 동시에 컵에 따라 붓는다. 마무리는 약용 향료인 너트맥을 조금 갈아 내리고 피스타치오 가늘게 썬 것을 띄운다. 단것을 좋아하는 사람은 벌꿀이나 시럽을 첨가한다 (그림 18).

③ 허브 수프

코가 막히거나 목구멍이 부었을 때에는 뜨거운 수프가 효과적이다. 이럴 때에는 집에 있는 야채로 수프를 만들어 본다.

피스트가 들어 있는 야채 수프는 양배추 ½개를 큼직큼직하게 썰고 양파 1개, 홍당무 1개, 감자 2개, 셀러리 하나는 얇게 썬다. 염분이 없는 토마토 주스 1*l*를 냄비에 넣고, 준비해 둔 야채를 전부 넣어서 부드럽게 될 때까지 끓인다. 시중에서 파는 통 토마토 캔, 마늘 2쪽, 셀러리 씨 1작은술, 타임 3줄기, 후추 약간을 넣고 한 번 끓게 한 후 약한불로 5분 정도 끓인다. 준비해 둔 피스트를 1큰술(좋아하면 그 이상)을 휘저어 섞는다.

④ 피스트

피스트를 만드는 방법(그림 19)은 신선한 바질 잎 2컵, 마늘 3조

그림 ⑱ **티·오·레 만들기**

스파이스에 우유를 붓고 불에 올려놓는다.

미리 준비해 둔 홍차와 함께 컵에 붓는다.

너트맥 같은 것 조금과 피스타치오를 잘게 자른 것을 넣으면 완성된다.

그림 ⑲ 피스트 만들기

바질 2컵

①

파르메산
치즈 ½컵

④

마늘 3조각
잣 2큰술

②

⑤ 잘 문지른다.

버진 올리브유
½컵

③

⑥ 스파게티와 만난다.
샐러드에 뿌린다.

각, 잣 2큰술, 버진올리브유 ½컵, 파르메산 치즈 ½컵, 소금 소량을 갈아서 페이스트 상태로 한다. 잣 대신에 호도, 땅콩, 피스타치오 등으로도 좋지만 올리브유는 다른 식물로 대용할 수는 없다. 왜냐하면 피스트는 이탈리아 제노바 지방의 전통 소스로, 바질과 올리브유의 컴비네이션을 이루기 때문이다. 농도는 기호대로 증감할 수 있고, 마늘은 넣지 않아도 상관없다. 보존 가능하기 때문에 한 번에 많이 만들어도 좋다.

이것을 스파게티의 소스나 샐러드의 드레싱으로 사용하면 좋다. 만들 때 블렌더가 없을 경우에는 빻는 그릇으로 우선 바질을 잘 으깨고 마늘, 땅콩, 올리브유, 치즈를 차례차례 첨가한다. 다만 방망이(절구공이)에는 상당히 냄새가 배어들기 때문에 전용 방망이를 준비하는 편이 현명하다. 빻는 그릇은 수세미로 잘 씻고 표백한다. 허브 티는 바질, 레몬버베나, 블루맬로의 블렌드가 코나 목구멍의 충혈을 부드럽게 해 준다. 여기에 갓 짜낸 레몬을 조금 첨가해도 좋다.

(3) 기침과 발한(發汗)

마조람 티, 컴푸리 티, 리코리스 티, 맬로 티에 벌꿀이나 설탕을 조금 첨가해서 마시면 기침에 잘 듣고, 엘더플라워 티, 카모마일 티, 안젤리카 티, 보리지 티는 발한을 촉진시킨다.

① 레몬 버베나 티

레몬 버베나 티는 감기에 걸렸을 때 마시기도 하고, 민트와 섞어서도 마시는데, 거담제의 효과도 있다. 기침이 심하면 페니로열, 리코리스, 호어하운드를 섞어서 1작은술에 끓는 물 1컵을 따라 충분히 우려내어 벌꿀이나 레몬을 첨가해서 마시는 방법도 있다.

② 허벌 목욕

감기로 인한 관절 마디마디의 통증을 완화시키고 발한을 촉진시키기 위한 허벌 바스 블렌드도 있다. 마리골드, 타임, 라벤더, 페니로열, 엘

더플라워, 머그워트 각 ¼컵을 냄비에 넣고 1ℓ의 물을 따른 후 끓어오르면 불을 끄고 뚜껑을 덮고 20분 정도 우러나게 한다. 그 액을 욕조에 넣어은 뒤 20분 정도 편안하게 몸을 담근다. 타월로 몸을 문지르는 듯하면서 목욕을 하면 효과적이다.

③ 슬립 티

댄더라이온 루트, 카모마일, 발레리안의 블렌드 1작은술에 끓는물 1컵을 따라서 20분 우려낸다. 레몬이나 벌꿀을 첨가해서 마시면 기분이 안정되고 잠이 잘 와 숙면을 취할 수 있다.

④ 허브 캔디

시판되고 있는 허브 캔디는 인후통을 완화시켜 주므로 몇 개 정도 가지고 있는 것이 좋다. 일본에서는 유칼리, 민트, 믹스 허브, 리코리스, 아니스 등이 시판되고 있으며, 우리 나라에서도 민트 등이 생산되고 있으므로 취향에 따라 이용하길 권유한다.

(4) 위장의 개선

❀ 라타도유

이탈리아 요리에 라타도유(그림 20)라고 하는 야채조림이 있는데, 갓 만들어 따뜻하거나 식어도 맛이 배어 있기 때문에 매우 맛이 있으며, 위를 부드럽게 해 준다. 소화가 잘 되고 위에 부담이 되지 않아 야식으로도 적합하다.

가지 1개, 피망 적·황·녹 각 1개, 호박 1개, 양파 1개, 셀러리 1개를 한 입 크기로 잘라놓는다. 프라이팬에 올리브유 2큰술을 넣어 가열하고, 마늘 2조각을 넣고 볶는다. 향기가 나면 마늘을 꺼내고 야채를 넣은 다음 소금, 후추를 적당히 뿌리고 볶다가 뚜껑을 덮고 약한 불로 10분 정도 졸인다. 뚜껑을 열고 불을 세게 한 후 백포도주 1컵을 따르고, 알코올 성분이 날아가게 한다. 토마토 씨를 제거하여 넣고 오레가노 잘게 썬 것 2큰술을 첨가해서 10분 푹 익힌다. 별도로 잣 1큰술을 가볍게 볶아서 첨가할 때도 있다. 차갑게 할 때에는 식혀서 냉장고에 보존한다. 접시에 보기 좋게 담을 때에도 위에서부터 버진올리브유를 뿌린다.

(5) 빈혈 치료

프로방스풍 포트치킨을 권한다. 프로방스풍 포트치킨은(그림 21) 맛이 일품이라서 듬뿍 만들어 다음날에도 먹는다.

영계의 넓적다리 4개에 소금, 후춧가루를 뿌려서 큰 냄비에 버터 2큰술을 넣은 다음 엷은 갈색이 될 때까지 굽는다. 감자 8개, 양파 4개, 당근 4개를 편한 대로 잘라서 로즈메리 1줄기, 타임 2줄기, 마조람 3줄기, 베이 잎 1개를 냄비에 같이 넣어서 가볍게 볶아 소금과 후춧가루를 친다. 뚜껑을 덮고 약한 불로 삶아 익혀 야채가 연해지면 백포도주 1컵을 첨가하여 불을 한 번 세게 하고 10분 정도 약한 불로 푹 익힌다. 비트를 사용한 샐러드 수프, 주스 등도 빈혈 예방에 좋으며, 또 철분이 풍부한 네틀 티나 신선한 딸기도 매일 먹으면 건강과 미용에 매우 유용하다는 것은 상식으로 누구나 알고 있을 것이다.

(6) 변비 개선

여성에게 특히 많은 증후군으로 변비를 들 수 있다. 물론 적당한 운동, 규칙적인 식사가 변비 해결에 기본이라고 할 수 있는데, 다음과 같은 루바브의 잼과 소스의 허브 요법도 있다.

루바브로 잼이나 소스를 만들어서 요쿠르트와 함께 팬케이크, 빵에 발라먹는다. 루바브 500g을 큼직하게 썰어서 법랑냄비에 넣는다. 레몬즙 ¼개 분량과 껍질을 벗긴 생강 한 조각(1cm), 물 100cc를 넣고, 약한 불에 올려놓고 부드럽게 될 때까지 끓인다. 생강을 건져내고 설탕 250g을 첨가해서 끈적끈적하게 될 때까지 졸인다.

그림 ⑳ **라타도유**

① 가지, 빨간 피망, 노란 피망, 녹색 피망, 셀러리, 호박을 한입에 먹을 만한 크기로 자른다.

② 마늘 2조각을 넣고 올리브유 2큰술로 향을 낸다.

③ 마늘을 꺼내고 야채를 넣고 소금, 후추를 뿌린다.

④ 뚜껑을 덮고 약한 불에서 10분 끓인다.

⑤ 뚜껑을 열고 강한 불로 한 다음 백포도주 1컵을 넣고 알코올 성분이 날아가게 한다.

⑥ 씨를 제거한 토마토와 잘게 썬 오레가노 2큰술을 넣고 10분간 푹 익힌다.

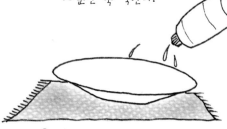

⑦ 접시에 보기 좋게 담을 때에도 올리브유를 뿌린다.

그림 ㉑ 프로방스풍 포트치킨

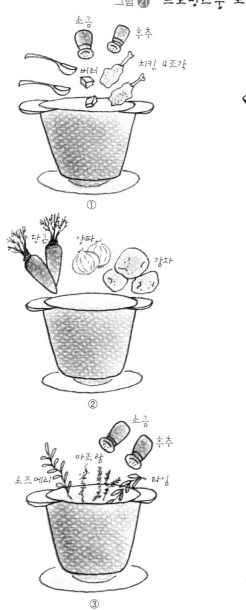

소금
후추
버터
치킨 4조각

①
④ 약한 불에서 굽는다.

당근 양파 감자

② 백포도주 1컵
⑤

로즈메리 마조람 소금 후추 타임

③ ⑥ 불에서 10분 정도 푹 끓인다.

루바브는 머위를 닮아서 섬유질이 많고 신맛이 강하지만, 서구 사람들이 좋아해서 타르트나 잼을 만든다. 유럽이나 일본에서는 루바브 잼을 많이 사용하고 있는데, 우리 나라에서는 수입 코너에서 구입할 수 있을 것이다.

그밖에 펜넬이나 로즈, 플럼(Plum), 파슬리도 변비에 좋은 허브이다.

(7) 피로회복

피로회복에는 강장력이 있는 허브를 듬뿍 넣은 고기요리와 여러 가지 야채의 샐러드를 먹으며, 충분한 휴식을 취하는 것이 가장 이상적일 것이다. 시중에서 판매하는 소시지 말고 직접 만들어 먹어 보면 어떨까 한다.

① 소시지

양파 1개, 마늘 1조각을 잘게 썬다. 프라이팬에 버터 1큰술을 녹여서 양파와 마늘을 볶아서 식혀 놓는다. 볼에 다진 돼지고기 500g, 우유에 재워둔 식빵 1조각, 계란 1개, 잘게 썬 로즈메리 1작은술, 마조람 2큰술, 소금 1작은술, 후추 ⅓작은술, 양파를 넣는다. 동일 방향으로 끈끈한 끈기가 날 때까지 한데 섞는다.

파라핀 종이 1매를 16절로 자른 다음, 6등분한 고명을 가늘고 길게 올려놓고, 베이 잎을 한 장씩 얹어 감아 넣어서 양끝을 연실로 묶는다. 찜통에서 강한 불로 10분 정도 찐다. 싼 그대로 그릇에 담으면 종이를 펼 때까지 마르지 않으므로, 맛있게 먹을 수 있다.

② 샐러드

제철에 나는 허브로 피로회복에도 좋은 샐러드를 만들어 본다.

※ 봄의 샐러드(나스터튬 샐러드)

봄의 허브는 신선하고 부드러우며 비타민과 미네랄을 제공해 준다.

🔸 재료(4인분 기준)

- 나스터튬 꽃 4∼5개
- 나스터튬 잎 2큰술
- 차빌 적당히
- 나스터튬 꽃봉오리 4∼5개
- 양상추 중간 정도 ½개
- 오이(슬라이스한 것) ½개

🔸 만드는 법

① 양상추를 좋아하는 크기로 뜯어놓는다.
② 나스터튬의 잎도 적당한 크기로 뜯어놓는다.
③ 차빌도 손으로 뜯어놓는다.
④ 오이는 슬라이스한다.
⑤ 드레싱을 만든다(레몬즙 또는 식용유는 적당히, 올리브유는 3큰술, 소금은 적당히).
⑥ ①과 ②를 접시에 담는다.
⑦ ③과 ④와 나스터튬의 꽃, 꽃봉오리를 장식한다.
⑧ 테이블에 내기 직전에 ⑤를 뿌린다.

※ 여름의 샐러드(건강 허브 샐러드)

여름의 허브는 점점 변화해 간다. 아름다운 색들의 꽃은 샐러드를 만드는 데도 최적격이다. 여름의 샐러드는 산뜻하고 시원하게 허브의 꽃으로 연출해 본다.

🔸 재료

- 치커리 꽃 5개
- 스테비어 꽃 3개
- 민트 꽃 3개
- 차이브 꽃 5개
- 마리골드 꽃잎 조금
- 세이지 꽃과 꽃봉오리 3개
- 베르가모트 꽃 5개
- 타임 3개

- 나스터튬 꽃 5개
- 나스터튬 꽃봉오리 5개
- 나스터튬 잎 16개

- 로즈메리 꽃 달린 어린잎 3개
- 펜넬 꽃봉오리와 꽃 달린 가지 3개
- 해당화 꽃 1개

 만드는 법

나스터튬 잎을 접시 전체에 깔고 그 외의 허브 꽃을 그 위에 담는다. 허브의 화려한 꽃봉오리와 꽃의 색은 식탁을 화려하고 분위기를 좋게 해 준다. 은근하게 나는 허브의 향을 즐기면서 포도주 한 잔을 즐긴다면 피로회복에 더욱 좋을 것이다.

드레싱 만드는 법

> ※ 재료 : 소금 조금, 레몬즙 조금, 버진올리브 오일 적당히, 흰 후추 조금
> ※ 만드는 법 : 레몬즙에 소금, 후추를 넣어서 섞고 버진 오일을 첨가해 혼합한다. 샐러드를 식탁 위에 놓고 나서 흰 후추를 뿌리고 해당화나 장미꽃을 중앙에 장식한다.

※ 가을의 샐러드

가을에 나는 과일을 이용해서 신선하고 맛있는 프루트 디너 샐러드를 만들어 본다.

 재료

- 감 중간 것 ½개
- 사과 중간 것 ½개
- 아보카도 ½개
- 파인애플 캔 둥글게 자른 것 3개

- 바나나 중간 것 1개
- 오이 1개
- 오렌지 1개
- 레몬 밤 잎이 4~5개 붙은 줄기 3개

만드는 법

① 감, 사과는 한입에 먹기 좋게 자른다.

② 바나나는 비스듬히 슬라이스한다.

③ 오이는 껍질을 벗기고 두께 3mm 정도로 둥글게 자른다.

④ 아보카도는 껍질을 벗기고 세로로 6등분해서 자른 후 다시 반으로 자른다.

⑤ 오렌지는 껍질을 벗기고 중간 껍질도 벗긴다.

⑥ 접시 중앙에 ①을 가득 담는다. 다음에 ②, ③, ④, ⑤를 전체에 골고루 장식한다. 그 주위에 레몬 밤을 3군데에 놓는다.

⑦ 마지막으로 소스를 끼얹는다.

소스 만드는 법

❊ 재료 : 생크림 ⅔컵, 마요네즈 2큰술, 레몬즙 1큰술, 소금 적당히

❊ 만드는 법 : 볼에 생크림, 마요네즈를 넣어 섞고 레몬즙, 소금을 첨가해 잘 혼합한다.

❊ 겨울의 샐러드

프레시 허브는 겨울에도 손에 넣을 수 있다.

바질, 치커리, 차이브, 로켓, 셀러리, 타임, 타라곤 등은 겨울 샐러드에 적격이다.

재료

- 빨간 양파 중간 것 1개
- 스피어민트(어린잎) 1개
- 바질(어린잎) 3개
- 감자 중간 것 2개
- 오이 큰 것 1개
- 타임(꽃이 붙은 가지) 5개

만드는 법

① 빨간 양파는 껍질을 벗겨내고 씻어놓는다. 두께 3mm로 둥글게 슬라이스하고 물에 넣어 매운 맛을 없앤 후 물기를 뺀다.

② 감자는 채썰어서 물에 담가놓는다. 물이 하얗게 될 때까지 물을 갈아준다.

③ 오이는 길이 3cm 정도로 채썬다.

④ ①, ②, ③을 샐러드 볼에 넣어 혼합한다.

⑤ 그릇에 담고 바질, 스피어민트, 타임을 장식한다. 남은 드레싱을 뿌리고 식탁에 놓는다.

드레싱 만드는 법

※ 재료 : 빨간 양파 중간 크기 ⅓, 레몬즙 약간, 백포도주 2큰술, 식초 ½컵, 버진올리브 오일 3큰술, 소금 약간, 후추 적당히

※ 만드는 법 : 빨간 양파는 껍질을 벗기고 씻어서 잘게 썰어 놓는다(페이스트 상태가 돼도 좋다). 잘게 썬 빨간 양파와 올리브 오일을 볼에 넣어서 혼합하고 그후 재료를 전부 넣어서 잘 섞는다. 이 샐러드는 드레싱을 냉장고에서 차게 해서 사용한다. 빨간 양파와 감자가 짜릿하게 입 안에 닿는 느낌이 이 샐러드의 생명이다.

---

2) 요리시 허브 조리법

(1) 허브를 요리에 사용하는 분량과 조리방법

① 허브 사용량

고상한 맛을 내게 하거나, 나쁜 냄새를 없애는 목적이라면 요리 전체의 $\frac{1}{10} \sim \frac{1}{20}$ 정도가 기준이라고 생각하는데, 4인분의 요리라면 1큰술~1작은술의 중간 사이로 시험해 보면 좋다. 맛의 기호라고 하는 것은 개

인차가 있으므로 좋아하는 사람은 넉넉하게, 너무 강하다고 생각하는 사람은 좀 적게 사용하면 된다. 드라이 허브는 프레시 허브의 ⅓을 사용하는 것을 기억해 두면 다른 것을 응용할 때에도 기준이 된다. 그리고 분말인 경우에는 또다시 드라이 허브의 ⅓을 사용하면 된다.

서양이나 일본의 요리법에는 허브 사용량도 명기되어 있으므로 그것에 따라서 만들 수가 있지만, 우리 나라에는 아직 일반화되어 있지 않으므로 본인이 직접 다양하게 시도하여 허브를 사용해 보면 생각지도 않던 독특한 맛을 발견할 수 있을 것이다.

전통적인 요리는 별도로 하고 사용하는 허브나 양을 자유롭게 조절할 수 있는 점이 허브 요리의 좋은 점이다.

② 허브의 조리방법

프레시 허브라면 통째로 손으로 뜯거나, 잘게 썰거나 으깨거나 믹서에 갈거나 페이스트로 하는 방법 등 다양하다. 드라이 허브라면 손으로 뜯거나 문지르고, 으깨고, 거즈에 싸는 등의 방법이 있다.

조리방법은, 고깃덩어리나 생선인 경우에는 허브를 잘게 썰어서 속에 넣기도 하고, 허브를 위아래에 놓아 굽기도 한다. 스튜나 수프의 경우에는 잘게 썰기도 하고 부케 가르니(Bouguet Garni)를 넣어서 도중에 끈을 당겨 꺼내는 방법이 있다.

허브 오일이나 허브 비니거, 허브 와인 등에 향기를 옮기는 경우에는 조금 잘게 자르거나 빻아 넣으면 향기가 쉽게 밴다. 감자나 계란을 삶을 때 허브 한 가지를 넣으면 미묘한 풍미를 즐길 수 있다. 또 허브 오일로 볶거나 튀기면 고상하면서도 특별한 맛을 낼 수가 있다.

프레시 허브는 갓 뜯은 것은 살짝 씻어서 물기를 빼고, 썰었으면 오랫동안 두지 말고 바로 사용하는 편이 풍미도 잃지 않고 빛깔도 예쁘다.

식용 허브는 원형 그대로를 살려서 샐러드 그릇이나 접시에 맵시 있게 담는다. 허브의 꽃은 작은 꽃은 그대로, 큰 꽃은 액센트로 또 받침대로부터 떼어내 흐트러지 듯 장식하면 로맨틱한 분위기가 연출된다.

(2) 허브 요리의 용도와 효과

허브 요리의 효과는 우선 보는 눈을 즐겁게 해 주고, 요리 재료의 맛을 끌어내며, 때로는 재료와 일체가 되기도 하고 때로는 액센트를 줌으로써 시각, 미각, 후각을 만족시켜 주는 것으로 요약할 수 있다. 그에 따라서 식욕을 더하기도 하고 기분이 편안해지기도 하며, 리프레시되는 느낌이 들기도 한다.

허브는 맛과 향기와 성분에 의해, 조미료로 사용하고 있는 당분이나 염분을 억제시킬 수 있으므로 환자식 요리에서도 허브가 중요한 역할을 할 수가 있다. 향기와 맛뿐 아니라 약효도 가지고 있으므로, 전술했듯이 예로부터 사람들은 신의 은총을 받은 식물로서 '음식과 약'으로 유용하게 사용했고 식욕증진, 소화촉진, 산화 방지작용이 있기 때문에 식품의 보존료로서도 오랫동안 사용해 왔다.

허브를 이용하여 풍요로운 식탁을 만드는 방법은 다음과 같다.

버터, 치즈, 요쿠르트 등에 허브를 가늘게 썰어 넣는다. 버터는 냉동해 두면 소테(버터에 발라 살짝 튀긴 고기), 수프, 토핑에 편리하다.

오일이나 비니거에 허브를 넣어서 향기를 배게 하면 드레싱, 마요네즈, 소테, 마리네 등에 사용할 수 있다. 드라이 허브의 블렌딩을 보존해 두면 샐러드나 부재료, 드레싱, 재료에 뿌리는 것 등에 사용할 수 있다. 튀길 때에 빵가루나 가루에 섞어 놓으면 향기로운 냄새를 즐길 수 있다.

빵이나 쿠키를 구울 때에 허브를 섞어 넣거나 또는 밑이나 위에 얹혀서 구워낸다.

① 다용도 블렌드(All purpose)
바질, 마조람, 파슬리, 세이지, 타임 등 각 같은 분량씩에 베이 잎을 1장.

② 대용 소금 블렌드
바질, 셀러리, 카레 파우더, 파슬리, 타라곤, 달스(Dalse) 등 각 같은 분량씩, 호스래디시, 레몬 껍질, 오레가노, 페퍼, 로즈힙, 세이지, 타임 등 같은 분량씩.

③ 수프 블렌드

바질, 셀러리, 마리골드, 오레가노, 파슬리, 세이지, 세이보리 등 각
¼컵, 베이 잎 2장, 타임 1큰술.

3) 허브 티와 음료

자신의 취향에 맞는 허브 티를 만들어 마시고 아름답고 건강해지는
방법으로 허브 티와 허브 음료가 있다.

■허브 티에 따른 유용한 효과
허브 티는 늘 한 가지만 마시는 것보다 취향에 맞는 티를 선별하여
그때그때 분위기와 몸의 컨디션에 알맞게 마시면 충분히 기분전환이
될 수 있다. 예를 들면 아침에는 산뜻한 레몬 버베나를 마시고, 점심에

는 향긋한 카모마일을, 저녁에는 라벤더를, 연인과는 재스민을 마신다. 이러한 허브는 그 각각의 성분이 긴장감을 완화시키거나 날카로워진 신경을 진정시키고, 위(胃) 상태를 조절하며 숙면할 수 있도록 도와주고 고통을 완화시켜 주는 등 치료적 가치도 충분히 있다.

허브 티는 생잎을 이용한 허브, 드라이 허브 등 어느 쪽을 이용해도 좋다. 통상 1인분은 프레시 허브(생잎)일 경우 3작은술을 가늘게 썰어 넣고, 드라이 허브일 경우 1작은술 정도로 끓는 물 1컵을 사용한다.

알루미늄 이외의 포트에 넣어서 3~5분 정도 지난 다음 마시도록 한다. 그 이상 두면 쓴맛이 나오며, 진한 맛을 좋아하면 허브의 양을 늘린다.

냉 허브 티는 냉장고에 넣어 차게 해두면 되고, 허브 티가 너무 진하다고 생각되면 얼음을 컵에 넣어 진한 맛을 완화시킨다. 이때에 프레시 허브의 작은 가지나 잎을 넣어두면 즐거움이 한층 더해진다. 취향에 따라 허브 티에 설탕, 레몬, 꿀, 오렌지 등을 첨가해서 단맛을 내게 할 수도 있지만, 보통 우유 같은 것은 첨가하지 않는다.

위장 상태가 나쁠 때에는 위장약에만 의존하지 말고 허브 티를 시음해 보는 것이 좋다. 민트가 제일 가는 '위의 벗'이라고 일컬어져 있는데, 위장은 신경과 밀접한 관계가 있으므로, 신경을 쉬게 할 수 있는 카모마일이나 라벤더도 효과가 있다. 또 장내의 가스도 트러블이 원인이 되기 때문에 구풍작용이 있는 커민, 코리안더, 펜넬 등의 스파이스도 도움이 된다. 그밖에 로즈메리와 로젤(Roselle)의 블렌드, 스위트 우드럽, 히솝, 코스트마리(Costmary)도 위장 상태를 고르게 하는 데에 도움이 된다.

또 세이보리, 로즈메리, 타임, 로만카모마일, 민트, 세이지 등으로 블렌딩한 것을 먹으면 상쾌하며 기운이 솟는 듯한 기분으로 만들어 주는데, 이것을 리프레싱 티라고 할 수 있다.

페퍼민트가 '위의 벗'이라면 댄더라이온은 '간장의 벗'이다. 커피를 너무 많이 마셔 고민스러운데, 그렇다고 커피를 끊기가 괴로운 분들에게는 아주 향기로운 '댄더라이온 커피'를 권유해 본다. 새로운 맛이 나

그림 ㉒ 허브 티 만드는 방법

따뜻하게 마실 때   차게 마실 때

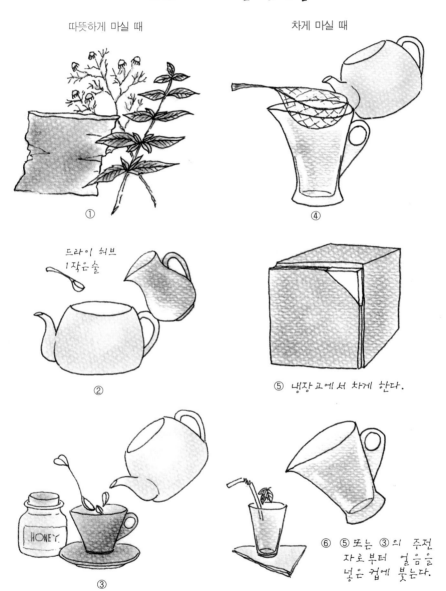

①   ④

드라이 허브
1작은술

②

⑤ 냉장고에서 차게 한다.

③

⑥ ⑤ 또는 ③의 주전
자로부터 얼음을
넣은 컵에 붓는다.

그림 ㉓ 상태가 좋지 않을 때 마시는 허브 티

리코리스루트　　호어하운드　　　페니로열　　　레몬 버베나

컴푸리루트　　　카모마일　　　　히솝　　　　캐러민트

허브 1작은술

뜨거운 물

기호에 따라 꿀이나
레몬을 넣어도 좋다.

10분 침출시킨다.

며 풍미가 있으므로 대용 커피라고 생각하지 말고 별도의 음료수로 음용해 보기 바라며, 또 간장에 좋은 치커리와 함께 블렌드해서 꼭 시험해 보기 바란다.

남미산인 마티차는 감탕나무과의 상록수 잎을 건조시켜서 표주박으로 만든 용기에 넣어 끓는 물을 붓고 빨대 모양의 금속제 파이프로 마시는 전통적인 건강음료이다. 산뜻한 뒷맛이 느낌이 좋고 특유의 냄새가 없는 차로서 심장, 신경, 근육에 작용하여 신체에 활력을 공급한다.

허브는 한 종류 또는 취향에 따라 몇 종류를 블렌딩하여도 좋다. 또한 시나몬, 클로버 등 향신료를 조금 첨가해 보면 액센트가 있는 허브 티를 즐길 수 있다(그림 22, 23).

효능별 허브 티는 다음과 같다.

① 안젤리카 티(생잎을 썰어서 만든다)

감기, 기침, 신경의 진정, 고양, 류머티즘, 소화에 좋다. 다만 당뇨병인 사람은 복용치 말아야 한다.

② 아니스시드 티(종자)

2작은술의 종자를 가루로 만들어서, 끓는 물 1컵을 부어서 5분 둔다. 꿀로 맛을 내면 호흡을 부드럽게 하고, 구풍제로도 효과가 있다.

③ 바질 티(생잎)

평소 멀미가 심하다면 차나 배에 타기 전에 조금씩 먹으면, 위를 진정시킨다.

④ 베르가모트 티(잎과 꽃)

오래 전부터 인디언이 사용하던 티로써 잎과 꽃에서 만드는 차는 인후통이나 가슴의 병 치료에 사용하고 있다.

⑤ 보리지 티 (생잎)

생잎을 썰어서 만드는 차는 강장, 카타르와 감기를 완화시킨다.

⑥ 캐러웨이시드 티 (종자)

2작은술의 종자를 갈아서 끓는 물 1컵을 부어 5분 정도 둔다. 꿀을 넣으면 더 좋다. 소화를 도우며, 임파선이나 신장을 강화시켜 준다.

⑦ 카모마일 티 (말린 꽃, 생화)

포트에 물을 넣고 끓여, 카모마일 꽃을 넣은 뒤 뚜껑을 덮고 1분 정도 약한 불에 달인다. 불에서 내린 다음 2~3분 뒤에 마신다. 손발이 차갑거나 재채기가 나거나, 인후통 등의 조짐이 있을 때에 카모마일 티를 마시면 몸이 따뜻해지고 감기를 낫게 한다. 또 잠자리에 들기 전에 먹으면 숙면할 수 있고, 생리통을 완화시키며 긴장을 풀어준다. 한편 이 차는 밝은 색 모발의 린스에 적합할 뿐 아니라 묘목에 뿌리면 입고병(立枯病)을 방지한다.

▲ 카모마일 티

⑧ 컴푸리 티(생잎, 건조 잎)

차게 하면 먹기 쉽다. 컴푸리의 효력은 조직을 자극해서 원상태로 되돌리므로, 위경련을 진정시키기도 하고, 위궤양의 통증을 완화시키는 데에 유효하다. 진한 허브 티는 타박상, 부상을 입은 근육이나 뼈의 습포에 사용한다.

⑨ 딜시드 티(종자)

다른 시드 티와 마찬가지로 만든다. 예로부터 소화불량으로 일어나는 위경련의 온화한 진통제로 사용되어 왔다. 자기 전에 먹으면 수면을 촉진시켜 준다. 소화와 구풍에도 좋다고 일컬어져 있다.

⑩ 펜넬시드 티

다른 시드 티와 마찬가지로 만든다. 이 차는 이뇨제로 온화한 완하제로 작용하며, 차게 만든 차는 염증을 일으킨 눈꺼풀과 눈의 치료에 좋다.

⑪ 레몬 밤 티(생잎, 건조 잎)

메릿사 티라고도 불리우는 이 차는 예로부터 두통을 가라앉히고 긴장을 풀게 하며 치통에도 쓰이고 있다. 생잎이나 건조한 잎으로 만든 차는 맛이 섬세하다.

⑫ 레몬 그래스 티(생잎, 건조 잎)

인기가 있는 허브 차로서 생잎이나 건조한 잎으로 만든다. 온화한 이뇨작용이 있고 피부에 좋다.

⑬ 레몬 버베나 티(생잎, 건조 잎)

강한 향기의 차이다. 온화한 진정작용이 있고, 장의 운동을 부드럽게 한다.

⑭ **러비지 티 (생잎, 건조 잎)**

청정작용이 있으며, 특히 신장에 유익하다.

⑮ **민트 티 (스피어 · 페퍼민트)**

청량감이 있는 차로써 호흡을 편안하게 한다. 또 위액의 분비를 조절하고 소화를 돕는다. 페퍼민트 티는 감기나 두통에 좋고, 스피어민트 티는 향긋하나 방향이 강하다.

⑯ **파슬리 티 (생잎, 건조 잎)**

뜨거운 파슬리 티는 강장과 이뇨제가 된다. 빈혈에 특히 좋고 날씬해지고 싶은 사람에게 좋은 차가 된다.

⑰ **로즈메리 티 (생잎, 건조 잎)**

향기가 강한 차는 생잎으로 만드는 것이 좋다. 기억력을 높이고 두통을 가라앉힌다. 취침 전에 먹으면 편안하게 잠을 잘 수 있다.

⑱ **세이지 티 (생잎)**

생잎으로 만드는 차가 맛있다. 예로부터 장수하는 강장의 차로써 알려져 있었다. 간장병, 변비, 류머티즘에 좋다. 서양에서는 오래 전부터 세이지 티를 몇 시간 정도 두었다가 그것을 걸러서 짙은 재색 모발을 위한 린스로 사용했다.

⑲ **세이보리 티 (생잎)**

섬머 · 윈터 세이보리, 양쪽 모두 맛이 좋은 허브 티이다. 강장제 차로서 마신다.

⑳ **타임 티 (생잎, 건조 잎)**

긴장에서 오는 두통, 과로를 풀어주고 감기나 인후통에도 좋다. 꿀로 맛을 내면 입맛에 잘 맞는다. 냉차는 양치질 약이 된다.

㉑ 오렌지 티(꽃, 잎, 나무껍질)

비타 오렌지나 야생 오렌지, 베르가모트, 그레이프프루트 등 감귤나무계의 꽃, 봉오리를 이용한다. 오렌지 재배에 살충제나 방부제를 사용하지 않은 것으로 한정한다. 잎이나 과피도 마찬가지이다.

꽃에는 훌륭한 진정작용이 있으므로 불안, 신경증, 노이로제, 히스테리 등의 신경이 예민한 사람에게 좋다. 꽃은 하나로 충분하다. 잎도 꽃과 같은 작용이 있으며, 기타 발한, 해열작용도 있다. 과피는 강장, 자극, 흥분, 하열, 구풍작용이 있다.

㉒ 라임 티(꽃, 백목질)

린덴으로 알려진 참피나무의 허브 티는 꽃과 좁고 긴 잎모양의 것을 플라워 티로 즐긴다. 꽃 한 송이에 끓는 물 1컵을 부어서 3분 정도 둔다. 발한, 진정작용이 뛰어나므로, 감기, 불면, 카타르, 두통, 인플루엔자를 완화시킨다. 백목질을 1작은술에 끓는 물 1컵을 붓고 5분 정도 후에 마시는데, 이뇨작용이 있으므로 신장 활동을 좋게 하고 노폐물 배출을 촉진시킨다. 항경련작용도 있으므로 관상동맥 질환 치료에도 유효하다.

㉓ 로즈 티(생화)

향기 높은 장미 꽃잎의 허브 티로서 우아하고 인기가 높은 장미 꽃잎은 다른 허브의 블렌드용으로도 흔히 사용된다. 약용, 미용용으로 오래 전부터 사랑받아 온 대표적인 허브의 하나이다. 꽃 한 송이나 꽃잎 1작은술에 끓는 물 1컵을 붓고 3분 후에 마신다. 진정, 강장, 소염, 소화작용 등이 있다.

㉔ 로즈힙 티(과실)

꽃이 지고 난 다음에 생겨나는 열매는 비타민 C를 듬뿍 함유하고 있다. 건조한 과일을 가루로 만들어서 1작은술에 끓는 물을 따라서 5분 정도 후에 마시는데, 강장작용이 있다. 해당화 열매로 대용할 수 있다.

또는 로즈힙 100g에 끓는 물 ½컵을 붓고 뚜껑을 닫고 식을 때까지

두었다 거른 후 냄비에 넣어서 설탕 100g을 첨가해 약한 불로 바싹 졸이면 로즈힙 시럽이 된다.

㉕ 라벤더 티(꽃)

생화는 1큰술, 건조화는 1작은술에 끓는 물 1컵을 따라 2~3분 후에 음용하며, 기호에 따라 꿀을 첨가한다. 유럽에서는 주로 신경안정을 목적으로 이 차를 마시고 있다. 진정, 소화작용이 있고, 고혈압을 정상화하며, 호흡기관의 트러블에도 좋다. 긴장 해소와 두통 예방으로도 사용되는 향기 높은 허브 티이다.

㉖ 하이비스커스 티

꽃봉오리와 같은 모양의 꽃받침 부분을 건조시킨 것으로서 끓는 물을 넣으면 예쁜 루비색이 되는데, 영어로는 로젤(Roselle)이라고 한다. 꽃받침 1개에 끓는 물을 넣어 2~3분 두었다 그대로 마시기도 하고 차게 해서 마신다. 이뇨, 냉각작용이 있으므로 하절기의 음식물과 함께 마시거나 열이 있을 때의 차로 마시면 좋다. 레몬처럼 신맛이 강하기 때문에 꿀을 첨가해서 마시는 것이 좋다.

㉗ 블루맬로 티(꽃)

꽃을 건조시킨 것을 사용한다. 1작은술에 끓는 물 1컵을 따라서 만드는 허브 티는 꽃 색조가 청색으로 나오는데, 곧바로 색깔이 빠진다. 알칼리성 때문에 매우 미묘한 맛이 난다. 레몬을 짜서 넣으면 청색에서 보라빛으로 잠시 변화하므로 색의 조화도 즐겁다. 감기와 인후통, 기침에 좋다.

㉘ 세이보리 티(잎)

1작은술에 끓인 물 1컵을 따라서 만드는 허브 티는 야성적이면서도 고상한 맛을 가지고 있다. 구풍작용에 뛰어나고 기관지 천식에 좋으며, 강장작용에 효과가 있다.

4) 허벌 음료와 그 외

허브와 잘 맞는 과일 주스, 향신료, 우유, 알코올 등과 블렌드한 음료수도 가정에서 손쉽게 만들어서 즐길 수 있다. 용도에 따라 감기에 걸렸을 때 사용하는 음료수로, 파티에서 즐기는 음료수로, 풍미를 좋게하는 건강음료 등 음료수의 종류도 각양각색이다. 이것 외에도 맥주, 와인, 증류주, 코디얼(감미와 향미를 배합한 알코올성 음료) 등 애주가로부터 사랑받는 갖가지 술들도 허브가 원료가 되어 제조되고 있다.

(1) 로즈제라늄 펀치

사과주스(100% 과즙의 맑은 타입) 1*l*를 냄비에 담아서 끓어오르게 한다. 불 위에서 내려 설탕을 100g, 로즈제라늄의 잎을 10장 넣는다. 라임 또는 레몬 4개 분량을 고리 모양으로 둥글게 썬 것을 첨가해서 잘 저어 섞는다. 뚜껑을 덮어 식을 때까지 놓아둔다. 이렇게 해서 얼음을 넣은 유리잔에 부어 제라늄의 잎을 띄운다.

(2) 오렌지에이드 리프레셔

발렌시아 오렌지 10개 분량의 주스를 물그릇에 넣어 민트 잎 1컵을 첨가하여 냉장고에서 한 시간 정도 차게 한다. 민트 잎을 걷어내고 얼음을 넣은 유리컵에 따라 오렌지 슬라이스와 민트의 작은 가지를 장식한다.

(3) 로즈메리 토닉 와인

백포도주 1*l*에 로즈메리의 작은 가지 6개를 넣어서 4일간 둔 다음 로즈메리를 꺼내고 병에 담는다. 보존은 냉장고에서 한다.

(4) 밀키카모마일

로만카모마일 꽃 1개를 포트에 넣은 다음 우유 2컵을 끓여서 따른다. 5분쯤 지나 카페레 볼에 넣어서 천천히 듬뿍 먹는다. 밤에 잠이 오지 않을 때 한밤중에 문득 잠이 깨거나 할 때 도움이 된다. 카모마일을 민트나 베르가모트로 대신해도 좋다. 우유의 양은 취향껏 가감한다.

(5) 너트맥 브랜디

브랜디 3컵에 너트맥 40g을 강판으로 간 것을 넣는다. 병에 채워 넣어 밀봉을 해서 3주간 두는 동안 가끔씩 병을 흔들어 혼합시킨다. 이것을 페이퍼 필터로 걸러서 병에 넣은 다음 식전에 1큰술을 마시면 소화를 좋게 하는데, 뜨거운 우유에 조금 첨가하면 잠잘 때 마시는 것으로 꼭 맞는다.

(6) 민트주랩

냄비에 가늘게 썬 민트 4큰술과 물 ¾컵을 넣어서 끓인다. 설탕 2큰술을 첨가해서 녹인 다음 식힌다. 레몬 1개 분량의 주스를 첨가해서 걸러내고 물그릇에 넣어 탄산소다 450㎖와 위스키 100㎖를 첨가한다. 얼음을 넣은 유리컵에 따라 민트의 작은 가지로 장식한다.

(7) 로맨틱 워터

컵에 블루맬로의 꽃을 2큰술을 넣고 미네럴워터 1ℓ를 따른다. 얼음과 라임 또는 레몬의 슬라이스도 조금 띄운다. 빛깔이 매우 아름다워 식탁을 로맨틱하게 마무리하는 데에 제격이다.

(8) 베이 잎 허니

냄비에 꿀을 2컵 넣고 약한 불로 데운 다음 깨끗한 병에 베이 잎을 1장 넣어 그 위에 꿀을 따라 넣는다. 식으면 뚜껑을 덮고 1시간 정도 둔다. 이 외에 타임, 로즈메리 등도 마찬가지로 만들 수가 있다. 빵, 케이크나 허브 티의 단맛을 내는 데 사용한다.

(9) 레몬 버베나 시럽

포트에 레몬 버베나를 ½컵(말린 잎 3큰술)을 넣은 뒤 끓는 물 ½컵을 따라, 뚜껑을 덮고 2~3시간 둔다. 그리고 냄비에 따른 후 설탕 1컵을 첨가해 녹을 때까지 끓어오르게 한 다음 약한 불로 12~15분 끓인다. 시럽 모양이 되어 가면 불에서 내려 식힌다. 깨끗한 병에 넣어서 마개를 닫는다. 냉장고에서 3개월 정도 보존할 수 있고, 허브 티나 홍차에 단맛을 더 내고 싶을 때에 사용한다.

(10) 레모네이드

조금 큰 레몬 6개를 얇게 썰어서 클로브 6개와 같이 큰 그릇에 넣어 끓는 물 1.2 *l* 를 부어서 하룻밤 둔다. 그리고 레몬과 클로브를 꺼낸 후 냄비에 옮겨서 설탕 450g을 첨가해 약한 불로 끓여 녹인 다음 다시 10분 정도 끓여서 식혀 시럽을 만든다. 이것에 레몬 2개 분량의 주스를 첨가해서 병에 채워 넣고 마개를 꼭 닫아서 냉장고에 보존한다.

언제나 필요한 때에 글라스에 이 시럽을 1~2큰술 넣어서 끓는 물을 따르면 뜨거운 레모네이드가 된다. 얼음을 넣은 글라스에 1~2큰술 넣어서 미네랄 워터를 따르면 아이스 레모네이드가 된다. 마무리로 레몬 슬라이스나 레몬 밤을 한 잎 장식한다.

2. 마음의 건강

마음속에 고민이 있을 때 하룻밤 자고 나서 이제 괜찮다고 하는 사람이 있는가 하면, 그 고민이 오래 가는 사람도 있다.

인간은 태어날 때부터 무엇인지 모르지만 한 가지씩 고민 없는 사람이 없다. 프라이드의 강약이나 성격적인 차이도 있을 것이다. 이러한 것은 가정, 직장, 학교, 일, 인간관계, 병 등 여러 가지 원인이 있다고 할 수 있다. 이러한 고민 해소에 대하여 향기에 의한 마음의 효용도 연구되고 있지만, 좋은 향기는 아무튼 기분을 좋게 하고 나쁜 냄새는 기분을 상하게 하는 것은 본능적인 사실이다.

허브의 향기를 알고, 기르고 그 속에서 생활하면 좋은 향기로 인해 한층 즐거운 삶을 연출하는 데 도움이 될 것이며, 후각(嗅覺)이 더욱 발달하게 된다. 허브 향주머니, 허브 베개, 포푸리 등을 만들어 보고 '향'에 한 번 취해 보고, 아울러 '즐겁다, 기쁘다' 등의 행복을 만끽하기 바란다.

1) 포푸리

프레시한 허브를 포푸리로 만들기 위해 용기에 담아놓으면 건조하면서 발산하는 향기가 더욱 좋다. 그러나 장마철에는 온도가 높으므로 용기에 넣어둔 포푸리에 벌레가 생기기도 하고, 습기가 차기도 하며, 드라이 허브나 리스에서도 곰팡이 냄새가 난다. 그럴 때에는 미련을 두지 말고 처분한다.

영구적이지 않은 것도 매력의 하나라고 생각하고, 신선한 허브로 다시 한 번 포푸리를 만들어 본다.

2) 허브 목욕

기분을 릴랙스시키고, 정신적인 피로회복에도 도움이 된다.

마음을 차분하게 가라앉히는 허브 목욕 블렌드는 발레리안, 라임플라워, 라벤더, 홉, 카모마일, 우엉을 한 주먹씩 혼합한 것이 적격이다. 최소한 15분에서 20분 정도 담그고 있으면 몸의 긴장을 풀어 주고 신경의 긴장을 완화시켜 준다.

신경이 날카로워져 히스테릭할 때 도움이 되는 허브 목욕은 카모마일, 홉, 라임플라워, 야로, 발레리안, 패션 플라워(Passion Flower)를 각 ½컵씩 혼합한 것을 첨가해 욕조에 넣는다. 적어도 20분은 욕조에 편안하게 몸을 담근다.

3) 허브 베개

기분을 안정시켜 준다. 베개 밑에 놓아두거나 침대 머리맡에 놓아두면 뒤척이는 사이에 은은한 향기가 잠으로 이끌어 준다.

조지 4세나 링컨은 홉 베개의 애호가였다. 맥주에 쓰이는 홉의 숫꽃은 'HOPS'라고 불리우고, 허벌리스트들은 7~8세기경부터 진정을 위한 차로서 또는 베개에 채워 넣는 것으로 사용하고 있었다.

허브 베개용인 허브는 향기가 좋은 허브로 자신이 좋아하는 허브를 채우는 것이 무엇보다 이상적이다. 라벤더, 레몬 버베나, 마조람, 로즈메리, 스위트 우드럽(Sweet Woodruff), 로즈, 클로브, 민트, 유칼리, 카모마일, 시나몬, 오렌지 껍질, 레몬 껍질, 오리스루트, 홉 등이 있다. 홉은 오래되면 루푸린이라고 하는 향기 성분이 나쁜 냄새로 변한다. 이것은 도리어 두통의 원인이 되므로 오래된 홉은 사용하지 않도록 주의한다. 술을 너무 많이 마신 숙취(熟醉)의 두통에도 홉 티가 좋다는 설도

있다.

허브 베개의 크기는 손바닥 정도이지만 갈아끼울 수 있도록 준비해 두면 편리하다.

프랑스의 프로방스식 향기라고 할 수 있는 타임, 로즈메리, 세이보리, 마조람, 라벤더, 펜넬 등을 블렌드한 향기는 무엇이라고 말할 수 없는 독특한 향을 발산한다. 자신이 좋아하는 향기나 이미지를 만들어 보거나 하트나 둥근형 레이스감으로 베개를 손수 만드는 것도 때로는 기분을 전환시키는 데 도움이 된다(그림 24).

좀더 강한 향기를 좋아할 때에는 사용한 허브의 에센셜 오일을 몇 방울 떨어뜨려 스며들게 하면 좋다.

그림 ㉔ 허브 베개

4) 허브 향주머니

예로부터 히스테리에 좋다고 되어 있는 허브에는 레몬 밤, 카모마일, 베토니, 라벤더, 페니로열, 세인트 존스 워트, 머그워트, 서던우드, 히솝 등이 있다.

신변에서 기분 좋은 향기가 느껴지는 것은 어쨌든 기분 좋은 일이고, 이는 정신 위생에 대단히 유익한 것이다. 일의 능률을 상승시키기도 하고 공부하는 데 있어서 집중력을 강화시키며, 커뮤니케이션에도 필요하다.

향주머니로서 첫째는 라벤더가 좋다. 세련되고 품질 좋은 향기는 남녀노소 어느 누구라도 좋아할 것이다. 손바닥에 놓을 정도 크기의 장방형 또는 정방형 천주머니에 라벤더 1~2큰술을 꽉 채워 넣고 리본을 묶어서 만들면 된다. 라벤더 향주머니를 만들어 집에 찾아 오신 손님에게 선물로 건네주면 매우 기뻐하는 모습을 볼 수 있을 것이다.

5) 허브 껌

릴랙스하는 데 도움이 되는 것으로 껌(그림 25)도 좋다. 우리 나라에서도 스피어민트를 주재료로 한 스피어민트 껌이 시판되고 있는데, 기분이 진정되지 않거나 비행기에 탈 때 씹으면 좋다. 그러나 반드시 에

그림 ㉕ 허브 껌

티켓은 지키자.

인도네시아에서는 클로브를 주재로 한 껌이 시판되고 있다.

껌은 리프레시에 효과가 있고 입냄새 예방, 턱의 발달 촉진과 노화방지에도 도움이 된다.

6) 기타의 허브 이용

① 잠을 오게 하는 강력한 허브 블렌드

장미 봉오리 30g, 장미 꽃잎 30g, 센티드제라늄 30g, 로즈메리 45g, 베르가모트, 네로리, 로즈제라늄의 에센셜 오일 각 2방울씩.

② 기분을 진정시키는 허브 티 블렌드

버베인, 겨우살이(Mistletoe), 패션 플라워, 카모마일, 발레리안 각 1작은술에 물 2컵을 첨가해 끓인 뒤 5~10분 경과 후 마신다.

③ 평온한 수면으로 이끌어 주는 허브 티 블렌드

레드클로버와 댄더라이온 잎 1큰술씩에 끓는 물 1컵을 첨가해서 5분 후 걸러 마신다. 타라곤과 아니스를 각 1작은술씩에 끓는 물 1컵을 첨가해 5분 정도 경과 후 걸러 마신다.

④ 금연에 도움이 되는 허브

금연하고 싶어도 좀처럼 금연할 수 없는 것이 흡연의 습관인데, 담배를 피우고 싶을 때 진저의 뿌리와 카모마일을 씹거나 칼라머스(calamus)를 씹으면 도움이 된다.

3. 신체 부위별 유용한 허브 트리트먼트

1) 피트 트리트먼트

고대로부터 사람들은 허브를 건강의 유지와 증진, 병의 치료에 사용해 왔다. 현대 의학의 발달에 따라 일시 쇠퇴한 것같이 보였지만 동양에서 한방을 이용한 사람들, 허벌리스트, 인디언들은 어느 시대에 관계없이 계속 사용해 왔다.

오늘날에 이르러서는 일반 사람들도 허브의 약효를 깨닫고 애용하기 시작하는 사람들이 늘어나고 있다. 그러나 허브 중에는 유독한 허브도 있고, 또 잘못 사용하면 오히려 돌이킬 수 없는 상황이 될 수도 있다. 독도 되고 약도 된다고 하는 호메오파시(同種療法:건강체에 사용하면 그와 똑같은 증상을 일으키는 약제를 환자에게 주어 치료하는 방법)의 분야는 아마추어에게는 절대 금기(禁忌)이다.

와일 박사의《내추럴 메디슨》에서는, 그중에서도 허브를 안전한 생약 요법이라고 권하고 있다. 구미에서는 허브 약도 시판되고 있어서 약국에서 선택할 수가 있고, 손쉽게 이용할 수 있는 허브 약상자도 대부분 집에 상비하고 있는데, 우리도 필요한 허브를 미리 준비해 놓으면 보건이나 위생에 도움이 될 것이다.

(1) 피트 케어 활용법

① 침출액
꽃이나 잎 등의 부드러운 부분을 포트에 넣어 끓는 물을 붓고 10~15분, 경우에 따라서는 수시간 두고 유효성분이 녹아서 스며나오게 우려낸다. 건조한 것은 1작은술(생은 3작은술)에 대해서 끓는 물 1컵이다.

② 전출액(煎出液)

종자, 줄기, 뿌리, 수피 등의 굳은 부분을 잘게 부수어서 포트에 넣고 물을 첨가해 뚜껑을 덮고 10~15분 불에 올려서 달인다. 식기 전에 걸러낸다. 분량은 우려내기와 같다. 미네랄 워터를 사용하면 오래가고 피부를 위해서도 좋다. 피부용인 우려내기나 달이기는 농도가 진한 것이 효과가 높으므로 허브 분량을 2배로 한다.

③ 습포

우려내기, 달이기한 것에 천을 담가 만든다. 냉습포, 온습포가 있다.

④ 포르티스

생허브를 빻아 두드린 것을 가제 따위로 싸서 습포하는 데 사용한다. 건조한 허브는 가루로 만들어서 소량의 물로 반죽해 놓은 것을 말아 싼다(이상은 그림 26 참조).

이상의 방법들은 다음에 소개하는 허브들을 이용하여 건강과 미용에 적절하게 활용한다.

(2) 호흡기계에 좋은 허브

① 일반 감기

퍼플 콘플라워(Purple Coneflower), 생강, 민트, 엘더플라워, 히솝, 마늘, 타임, 라임플라워, 야로, 로즈, 세이보리.

② 열

메도스위트, 파슬리, 베이베리(Bayberry), 로젤, 아그리모니, 피버퓨.

③ 인두염(양치질용)

타임, 컴푸리, 세이지, 블랙베리, 라즈베리, 엘더플라워, 골든실, 리코

그림 ㉖ *허브의 조합법*

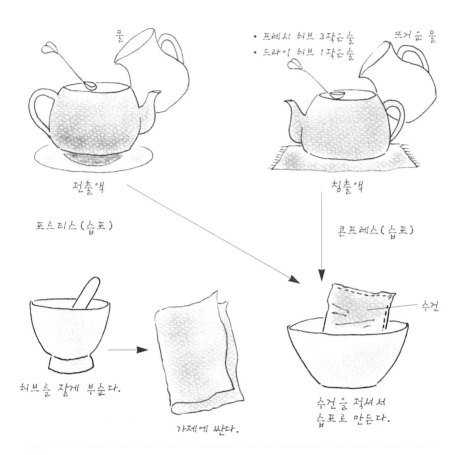

• 프레시 허브 3작은술
• 드라이 허브 1작은술

뜨거운 물

물

전출액

침출액

포르티스(습포)

콘프레스(습포)

허브를 잘게 부순다.

가제에 싼다.

수건

수건을 적셔서
습포로 만든다.

리스, 마시맬로.

④ 부비동염(副鼻洞炎)

골든실, 에키나세어, 엘더플라워, 페퍼민트, 아이블라이트, 아그리모
니, 바질, 마늘, 히솝, 생강, 레몬 버베나.

⑤ 헤르페스(外用)

레몬 밤, 컴푸리, 히숍, 리코리스, 마조람.

⑥ 기침

안젤리카, 아니스, 코코아, 유칼리, 페누그릭(Fenugreek), 호어하운드(Horehound), 히숍, 리코리스, 머레인, 오레가노, 페니로열, 홍차, 타임, 레몬 버베나.

(3) 소화기계에 좋은 허브

① 위장

알로에, 바질, 블랙베리, 페퍼민트, 카모마일, 맬로, 마시맬로, 커민, 펜넬, 라벤더, 페니로열, 스트로베리 잎, 타임, 세이지, 레몬 밤, 딜, 레몬 버베나.

② 간장

알파파, 호스래디시(Horseradish), 파슬리, 워터크레스, 펜넬, 안젤리카, 아니스, 댄더라이온, 맬로, 치커리, 라벤더, 로즈메리.

③ 구강(口腔)

세이지, 포트 마리골드, 클로브, 민트류.

(4) 순환기계에 좋은 허브

① 심장

안젤리카, 주니퍼베리, 카이엔페퍼, 호존, 라임플라워, 로즈메리, 레몬 밤, 발레리안, 마늘, 워터크레스, 아티초크, 야로, 세이지, 호스테일, 레이디스 맨틀, 메도스위트, 마리골드.

② 고혈압
피버퓨, 마늘, 생강, 사프란, 발레리안, 라벤더, 올리브, 야로, 라임플라워, 네틀, 주니퍼.

③ 저혈압
안젤리카, 호존, 생강, 카이엔페퍼.

④ 빈혈
파슬리, 로즈힙, 네틀, 워터크레스, 댄더라이온, 알파파, 안젤리카.

(5) 비뇨기계에 좋은 허브

① 신장
알파파, 호스테일, 파슬리, 워터크레스, 주니퍼베리, 로즈, 로즈메리.

② 방광
알파파, 셀러리, 댄더라이온, 맬로, 파슬리, 로즈, 홍차, 타임.

(6) 신경계에 좋은 허브

① 두통, 편두통
로즈메리, 라벤더, 마조람, 피버퓨, 카모마일, 세이지, 진저, 네틀, 페퍼민트, 라임플라워, 홉.

② 불면증
라벤더, 발레리안, 라임플라워.

③ 이완(弛緩)
버베인, 카모마일, 민트, 라임플라워, 로즈, 오렌지 플라워, 홉, 발레리안, 라벤더, 안젤리카.

④ 정신 고양(高揚)
레몬 밤, 로즈메리, 보리지, 재스민, 오렌지 플라워, 세인트 존스 워트.

(7) 눈에 좋은 허브

① 충혈, 피로한 눈
포트 마리골드, 아이블라이트, 펜넬시드, 콘플라워, 라즈베리 잎, 로즈, 카모마일, 홍차, 컴푸리루트, 골든실, 로즈메리 등.

(8) 피부에 좋은 허브

① 청정
로즈, 야로, 로즈메리, 라벤더, 타임, 엘더, 포트 마리골드, 파슬리, 차빌, 카모마일, 라임플라워, 세이지, 위치 헤이즐.

② 여드름
카모마일, 야로, 캐트닙, 라벤더, 타임, 에키나세어, 네틀, 댄더라이온.

③ 습진
에키나세어, 네틀, 와일드팬지, 치크위드(Chickweed), 골든실, 레드

클로버, 리코리스, 보리지, 버베인.

그림 ㉗ **골든실 아이로션**

뜨거운 물

① 골든실의 파우더

2) 눈에 대한 트리트먼트

허브 중 몇 종류는 눈의 피로를 풀기도 하고 주름이나 검은 기미를 없애는 데 그 효과가 탁월하다. 눈의 습포는 차가운 허브를 우려낸 인퓨존으로 코튼 패드를 담가서 눈 위나 주위에 올려놓고 10분 정도 누워 휴식하면 효과적이다.

② 종이 필터로 거른다.

- 아이블라이트는 눈의 트러블에 유익한 허브이다. 아이블라이트 1큰술에 끓는 물 ¾컵을 부어서 식을 때까지 둔다. 걸러서 마개가 달린 병에 넣어 냉장고에 보존하면서 사용한다.
- 마리골드도 마찬가지로 만든다. 결막염(結膜炎)이나 맥립종(麥粒腫)일 때 사용할 수 있다.
- 엘더플라워도 같은 방법으로 한다. 온화한 자극이 있고 시원한 눈매를 만드는 습포가 된다.
- 카모마일도 똑같이 만든다. 부어오르는 듯한 눈의 습포나 충혈일 때 습포로 사용한다. 여행길에서는 티백을 이용하면 좋다.

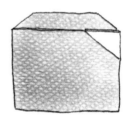

③ 냉장고에 보존한다.

- 펜넬도 동일하게 만든다. 시력을 강화시키는 데에 좋고, 습포나 눈을 씻는 데 사용할 수 있다.
- 로즈 워터는 염증을 일으킨 눈의 습포에 사용할 수 있다.
- 골든실은 ½작은술의 분말에 1컵의 끓는 물을 부어서 식을 때까지 둔다. 가루가 남김없이 녹지 않을 때는 종이필터로 가루를 걸러낸다. 차게 해서 습포로 사용한다. 이것은 인디언과 미국 서부의 개척자들이 사용했었고, 그 후 세븐스티어 벤티스트도 사용했다(그림 27).
- 보리지의 어린잎을 샐러드에 넣어서 먹기도 하고, 보리지 티를 마시면 시력의 강화에 도움이 된다.
- 오이의 슬라이스는 햇빛에 그을린 눈 주위나 충혈된 눈에 효과적으로 눈두덩 위에 얹어 사용한다.
- 로즈힙의 티백 2개를 포트에 넣어 끓는 물 1컵을 붓는다. 뚜껑을 덮고 3분 경과 후 티백을 꺼내 급냉시킨다. 눈 아래(밑에)를 습포하는 데 사용하면 부어오른 부분에 효과적이다. 포트에 남아 있는 로즈힙 티는 휴식하고 있는 동안에 마신다.
- 치커리의 아이 스킨은 치커리의 꽃 한 주먹에 끓는 물 1¼컵을 첨가해서 30분 후 차가워지면 걸러서 만든다. 피로해진 눈이나 염증을 치료하기도 하고, 바다나 산에서 강한 태양광선에 노출되었을 때도 좋은 효과가 있다.
- 아그리모니의 아이 스킨은 어린잎 한 주먹에 끓는 물 2½컵을 첨가해서 식으면 걸러 눈을 씻는 데 사용한다.

3) 입술 트리트먼트

여성들에게 있어서 특히 튼 입술만큼 신경이 쓰이는 것은 없다. 찬바람이나 지나치게 건조할 때, 또는 태양에 그을리거나 감기 등에 의해 입술이 거칠어지기도 한다.

평소에 립발삼이나 립그로스 등을 발라서 보호해 준다.

기본적인 립그로스를 만드는 방법은 참기름 4큰술에 알카넷 뿌리 2작은술을 넣어서 색을 침출시키기 위해 2주 동안 둔 후 걸러서 보관한다. 불에 올려놓을 수 있는 알루미늄 이외의 냄비에 넣어서 비왁스(녹여둔다) 1작은술과 민트 순 반을 넣고 전체가 섞어지면 불에서 내려놓고 다시 한 번 섞어서 식히고, 용기(客器)에 옮겨담아 차질 때까지 계속 휘저어 섞는다(그림 28).

라벤더의 립발삼은 아주 간단하다. 벌꿀 2큰술을 녹여서 라벤더 에센셜 오일 몇 방울을 첨가한 것이다. 취침 전 입술에 발라둔다.

로즈메리의 립서브는 스위트아몬드 오일 2큰술과 비왁스 2큰술을 알루미늄 이외의 작은 냄비에 넣어서 로즈메리의 어린잎을 한 주먹 첨가해서 약한 불로 30분 달인다. 로즈 워터 1½컵을 첨가해서 따뜻할 때 걸러낸다.

4) 귀 트리트먼트

남성이나 여성이나 귀 속을 청결히 하고 있는 사람은 느낌이 좋다. 최근에

그림 ㉘ **립그로스 만드는 법**

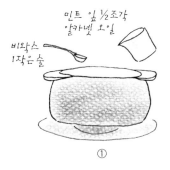

민트 잎 ½조각
알카넷 오일
비왁스 1작은술

①

② 불에서 내려 휘젓는다.

③ 용기에 옮기고 잘 섞는다.

는 여성이나 남성들도 짧은 머리가 늘어나고 있는데, 여성의 경우 포니테일이나 업스타일, 아주 짧은 커트 등 갖가지 스타일이 있으며, 이런 스타일들은 특히 귀가 눈에 잘 띄게 마련이다.

로즈 워터, 라벤더 워터, 위치 헤이즐 스킨 등을 코튼이나 코튼스틱에 배어들게 해서 닦아내고, 외출할 때는 마지막으로 손질한다. 그 후에 향수를 한 번 뿌려 주면 이로써 완벽하다.

5) 핸드 트리트먼트

'손은 얼굴보다 먼저 나이가 든다.'라는 말을 실감할 수 있을 것이다. 손등은 피부가 부드럽고 얇아서 주름이 생기기 쉬운 곳으로, 항상 태양이나 찬바람에 직접 노출되고 있지만 얼굴처럼 화장을 하지 않으므로 더 빨리 노화되기 쉽다.

노화 예방대책으로서 다음과 같은 방법으로 손을 보호해 준다.

- 심플 핸드 린스는 레이디스 맨틀, 펜넬시드, 마리골드, 컴푸리, 카모마일, 마시맬로, 로즈, 벤조인 등을 우려낸 물에 손을 담그는 것만으로도 거칠어진 손에 효과가 있고, 손발과 살이 트는 곳에 도움이 된다.
- 오트밀이나 아몬드밀 등도 피부를 부드럽게 하는 데에 효과가 있다. 17세기에 유럽에서 거친 손을 위한 페이스트는 라놀린 50g, 계란 노른자 1개, 벌꿀 1큰술을 혼합해 페이스트 상태가 되기에 충분한 분량인 오트밀과 아몬드밀을 첨가한다. 취침 전에 이것을 손에 바르고, 무명장갑을 끼고 자면 아침에 일어났을 때에 반들반들해진다. 무척 간단한 방법이다(그림 29).
- 알로에베라는 손이 텄을 때 효과적이다. 알로에베라(그림 30) 잎의 밑둥을 자르고 잎 속의 겔을 꺼낸다. 이것을 손에 문질러 바른다. 이 겔은 가벼운 화상이나 피부의 상해에도 좋다고 되어 있다.

- 글리세린 로즈 워터도 구미에서는 예로부터 만들어지고 있는 유명한 모이스처 로션이다. 글리세린 4큰술, 로즈인퓨존 ½컵을 혼합해서 좋아하는 로즈 오일을 몇 방울 넣으면 향기 좋은 자가제(自家製)가 완성된다.

6) 손톱 트리트먼트

손톱은 건강 상태가 잘 나타나는 곳이다. 나이와 더불어 윤기를 잃어버리게 되기도 하고 매니큐어나 리무버의 자극으로 윤기를 잃어버리는 일도 있다.

그림 ㉙ **핸드 트리트먼트**

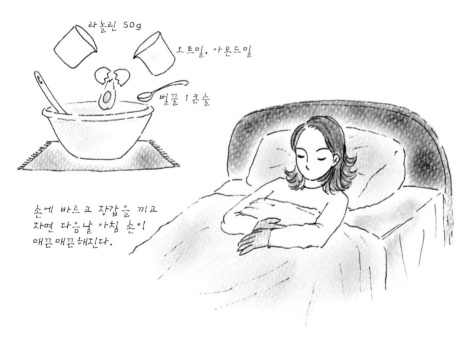

라놀린 50g

오트밀, 아몬드밀

벌꿀 1큰술

손에 바르고 장갑을 끼고 자면 다음날 아침 손이 매끈매끈해진다.

- 호스테일 티는 상한 손톱이나 흰 반점이 생긴 손톱에 좋다고 되어 있다. 호스테일에 많은 미네랄이 포함되어 있으므로 빈혈 예방도 되는 허브이다.
- 감피(甘皮)를 부드럽게 하는 데는 파인애플 100% 주스를 2큰술, 계란 노른자 2큰술, 사과식초 1작은술 혼합액에 30분 정도 손톱을 담가 두면 효소의 작용으로 부드럽게 되고 감피의 손거스러미가 이는 것을 예방해 준다.
- 손톱의 회복용 크림은 벌꿀 1큰술, 아보카도 오일 1큰술, 계란 노른자 1큰술, 소금 약간을 섞은 것이다. 손톱에 바르고 30분 정도 두었다 씻어낸다.
- 헨너(Henna) 파우더를 소량의 물로 부드럽게 한 것을 손톱에 바르고 마를 때까지 그대로 둔다. 그 후 미지근한 물로 씻어낸다. 이것은 손톱이 갈라지는 것을 막고 손톱을 안정된 핑크색으로 오래 유지하는 데 좋다고 한다.

그림 ㉚ 알로에베라의 트리트먼트

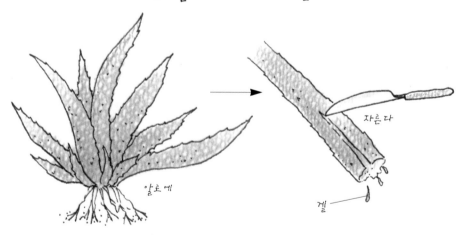

알로에 · 자른다 · 겔

7) 발 트리트먼트

하루 종일 몸 전체를 지탱하는 것은 물론, 꼭 끼는 양말이나 구두로 덮여져 있는 발은 걷거나 달리거나 함으로써 한층 더 부담이 되고 있다. '피로는 발부터'라는 말을 보더라도 잘 알 수 있다.

구두나 양말을 벗은 후의 그 상쾌한 느낌은 누구나 경험했을 것이다.

사극영화의 한 장면으로 주막집 같은 곳에서 나무로 만든 물통에 발을 담그고 있는 장면이 가끔 나오는데, 이것이 발목욕이다. 이것은 발의 피로와 더불어 전신 피로를 푸는 데에 효과가 있다. 발에 울혈(鬱血)이 생겼을 때에는 혈액순환을 좋게 하면 혈행이 좋아지고 피로회복이 빨라진다. 발목욕에 좋은 허브는 로즈메리, 라벤더, 세이지, 타임, 파인니들, 민트, 마스터드, 야로, 라임플라워 등으로서, 한 종류 또는 혼합하여 양동이에 ½컵을 넣고 끓는 물을 붓는다. 이때 소금 약간을 넣어도 효과가 촉진된다.

물이 적당한 온도가 되면 깨끗하게 씻은 양 발을 담그고 이마에 땀이 촉촉히 날 정도, 약 15분 경과 후 꺼낸다. 혹은 허브의 에센셜 오일을 허브 대신에 첨가해도 마찬가지로 사용된다. 발목욕을 한 뒤에는 타월로 물기를 닦고 나서 마사지 오일이나 마사지 로션을 바르면 효과 만점이다.

마사지 오일은 사플라워 오일, 해바라기 오일, 그레이프시드 오일 등의 식용유 2½컵에 로즈메리와 세이지의 에센셜 오일을 합쳐서 ½작은술을 넣어서 잘 흔들어 혼합시킨다. 발이나 장딴지 마사지용 외에 건성 피부용에도 사용된다.

방취효과가 있는 발목욕에는 로즈메리, 페니로열, 세이지, 안젤리카, 주니퍼베리의 블렌드가 좋고, 애프터 목욕에는 알코올이나 콜로뉴를 문질러 바르고 민트 향기인 파우더를 뿌리는 것도 효과적이다. 그 외 블랙베리의 잎이나 떡갈나무 잎, 러비지도 디오도란트가 되는 허브이다.

발이 아픈 데 사용하는 발용 오일은 백색 참기름 5큰술에 클로브 에센셜 오일 6방울을 첨가해서 잘 섞으면 완성된다.

무좀으로 고생하는 사람들도 주위에서 많이 볼 수 있는데, 매일 하루 1~2쪽의 생마늘을 먹으면 좋다. 마늘에는 항진균 작용이 있기 때문이다. 마늘에 포함된 항생물질 성분은 가열이나 건조에 의해 소멸되기 때문에 날 것 그대로가 좋은데, 먹은 후 파슬리를 씹으면 더 효과적이므로 잊지 않도록 한다.

티트리 에센셜 오일도 최근 주목받고 있다. 독성도 자극성도 없고, 피부의 진균감염에 대해서 유효한 작용을 하기 때문에 환부에 티트리 에센셜 오일을 사용하면 좋다고 와일 박사는 말하고 있다.

■ 에센스의 주요한 특성작용

❋ 살 · 진균작용 : 티트리, 라벤더, 몰약
❋ 수렴작용 : 로즈, 시더우드, 사이프레스
❋ 신경 강화작용 : 마조람, 로즈메리, 밤
❋ 자극작용 : 로즈, 제라늄, 유칼리, 민트
❋ 두뇌명석 작용 : 로즈메리, 바질
❋ 창상 치유작용 : 티트리, 베르가모트, 안식향(安息香)
❋ 진해작용 : 라벤더, 타임, 백단, 히솝
❋ 진정작용 : 라벤더, 밤, 네로리, 클라리세이지
❋ 진통작용 : 라벤더, 로즈메리, 베르가모트
❋ 발한작용 : 주니퍼, 민트, 바질, 카모마일
❋ 방취작용 : 베르가모트, 라벤더, 민트류
❋ 이뇨작용 : 펜넬, 사이프레스, 카모마일

4. 허브의 상승 효과를 이용한 가든 만들기

예로부터 '의사의 식물'이라고 일컫는 카모마일은 쇠약해져 있는 식물을 기력이 넘치게 하는 허브로 유명한데, 페니로열, 야로, 나스터튬, 세이지, 네틀, 캐러웨이, 플럭스, 코리안더, 민트, 딜, 펜넬, 타임, 로즈메리 등도 식물 전체의 콤패니언 허브, 즉 궁합이 맞는 좋은 허브이다. 방향성이 강한 자연 허브는 병충해도 적으나 재배 허브에는 병충해 발생이 쉬워진다.

야채를 심은 사이에 꿀풀과의 허브류를 혼식재배하면 병충해로부터 예방이 되고 과수원에 서든우드나 탄지를 심으면 과일에 구멍을 뚫는 누에나방으로부터 예방할 수 있다. 야로, 카모마일, 네틀을 다른 허브와 혼식하면 좋은 생육상태로 잘 자란다. 진딧물에는 나스터튬이 좋으며, 사과의 부패병에는 차이브를 심어서 막는다. 이와 같이 상승효과를 얻을 수 있는 허브 궁합의 33가지를 소개하기로 한다.

- 아니스와 코리안더를 함께 심으면 발아가 촉진된다.
- 바질은 온실가루이(화이트플라이)의 방충이 되고, 토마토와 잘 맞아 파리와 모기의 방충용으로도 좋다.
- 보리지는 딸기와 혼식하면 좋고, 토마토나 호박하고도 잘 맞는다.
- 캐러웨이는 펜넬 곁에 심으면 좋다.
- 카모마일은 양파, 양배추와 혼식하면 좋은데, 너무 많으면 역효과가 되므로 주의한다.
- 차빌을 홍당무 곁에 심으면 홍당무의 생육상태가 좋다. 래디시를 차빌 옆에 심으면 차빌의 맛이 좋다.
- 차이브는 홍당무의 발육을 좋게 하며, 사과나무 밑에 심으면 부패병을 예방할 수 있고, 장미의 흑점병과 진딧물을 예방할 수 있다.
- 컴푸리는 양분을 많이 간직한 퇴비가 된다. 잎과 뿌리를 밑둥에 놓거나 액체비료로 한다.
- 코리안더는 진딧물의 방충에 좋다. 그러나 펜넬의 곁에 심으면 종자

형성을 방해한다.

- 딜은 양배추, 옥수수, 양상추, 오이 곁에 심으면 좋고, 수정을 피하기 위해서는 펜넬 곁에 심지 않는다.
- 펜넬은 야채밭에서는 함께 기르지 않는 편이 좋으며, 토마토나 캐러웨이, 웜우드와는 잘 맞지 않는다. 벼룩을 방충하므로 개집 주변에 심으면 좋다.
- 마늘은 장미꽃 곁에 심으면 진딧물의 방충이 되고 튼튼하게 자란다. 또 과일나무 둘레에 심으면 나무좀의 방충이 된다. 그러나 콩 종류나 양배추, 딸기의 생육에는 방해가 된다.
- 제라늄은 장미, 포도, 옥수수 곁에 심으면 좋고, 양배추벌레의 방충이 된다. 제라늄 오일은 파리와 진드기를 쫓는다.
- 히숍은 양배추, 포도에 좋으며, 흰나비의 방충이 된다. 야채와 꽃에 붙는 벌레의 방충이 된다.
- 라벤더는 타임과 잘 맞으며, 벌이나 나비를 끌어들인다.
- 레몬 밤도 벌을 끌어들이며, 토마토의 맛을 좋게 한다.
- 러비지는 용도가 광범위한 콤패니언 허브로 식물의 건강과 기질을 좋게 한다.
- 마조람은 야채 곁에 심으면 유익한 효과를 발휘한다.
- 민트는 양배추의 방충이 되고, 벼룩, 개미, 쥐 방제가 된다. 그러나 민트와 파슬리는 서로 떨어뜨려서 심는 편이 좋다.
- 나스터튬은 곤충 퇴치에 유익하다. 브로컬리, 콜리플라워, 양배추, 래디시, 과일나무 등에 혼식하면 좋다.
- 오레가노는 브로컬리, 양배추, 콜리플라워의 곁에 심으면 좋고, 양배추와 오이에 붙는 갑충의 방충이 된다.
- 파슬리는 차이브의 곁이 좋으며, 민트로부터는 떨어져서 키운다. 장미, 토마토, 아스파라거스, 홍당무의 생육에 좋다.
- 로즈메리는 세이지와 함께 심으면 좋고, 홍당무, 양배추, 콩 종류의 생육을 촉진시키지만 감자 곁에는 심지 않는다.
- 루는 바질을 싫어하나 장미, 딸기, 무화과 곁에 심으면 좋다.

- 세이지는 로즈메리와 함께 심으면 좋고, 양배추와 홍당무와 잘 맞으나, 오이로부터는 떨어뜨려 심는다.
- 샐러드 버닛은 타임, 민트와 좋다.
- 섬머 세이보리는 양파와 청두(靑豆) 곁에 심으면 좋고, 윈터 세이보리는 유익한 방충이 된다.
- 탄지는 개미, 파리, 누에나방을 쫓아 버린다. 과일나무와 장미 곁에 심으면 좋고, 칼륨이 풍부해서 좋은 퇴비가 된다.
- 타라곤은 용도가 광범위한 콤패니언 허브로서 식물 전반에 유익하다.
- 타임은 벌을 끌어들이며 양배추벌레를 퇴치한다. 식물 전반에 걸쳐 유익한 허브이다.
- 발레리안은 퇴비와 함께 넣으면 좋은데, 흙 속의 인을 활발하게 한다. 또 지렁이가 좋아하는 것이다.
- 웜우드는 다른 식물의 성장을 방해하므로 정원의 가장자리에 심어 다른 식물의 침입을 막는 데 사용하며, 혼식은 다른 허브의 생육을 방해하기 때문에 떨어뜨려 심는다. 침출액은 달팽이와 같은 연체동물의 피해를 예방한다.
- 야로는 다른 모든 에센셜 오일의 함유를 증가시키고 풍미를 좋게 한다. 건조한 풀이나 허브 티는 양(羊)에게 좋다.

Ⅲ

퍼스널 케어 및 애완동물 허브 케어

1. 우먼 케어

1) 임신시 케어

임신하는 기쁨은 여성밖에 맛볼 수 없는 행복이다. 이와 동시에 모체에 여러 가지 변화가 일어나는데, 우선 입덧을 하는 사람이 대부분이며 비교적 가벼운 증상에서부터 누워 버리는 정도로 심각한 경우에 이르기까지 각양각색이다.

① 입덧과 출산 후에 좋은 허브

라즈베리, 진저, 민트는 입덧에 좋은 허브로서 흔히 알려져 있다. 라즈베리 티는 미국 인디언이 애용하고 있는 여성용 허브로서도 유명하며, 매일 음용하면 효과를 볼 수 있다. 구역질이나 출혈예방, 출산시 통증 완화에 도움이 되고, 흉부 젖샘 속의 초유(初乳)를 풍부하게 하고, 자궁벽을 강화하는 영양분을 포함하고 있다.

출산 후에 라즈베리 티를 마시면 자궁 수축을 촉진하고, 분만 후의 출혈을 감소시키는 데 도움이 된다고 알려져 있다.

② 임신 중에 좋은 허브들

임신 중에 취하면 좋은 영양 보조식품으로서 허브도 포함된다. 보리지, 컴푸리, 네틀, 알파파, 로즈힙, 댄더라이온, 치커리, 워터크레스, 마늘, 마시맬로 뿌리는 모든 풍부한 미네랄과 비타민의 원천이므로 매일 식탁에 놓으면 좋은 허브들이다.

베드타임(잠자리) 티로서 카모마일, 라임플라워, 레몬 밤 등 좋아하

그림 ㉛ 임신시 케어

베르가모트 오일
10방울

욕조

라즈베리 티

는 허브 티에 한 조각의 시나몬을 넣어서 먹는 방법도 있다.

미나리과의 허브인 아니스, 캐러웨이, 딜, 펜넬은 모유를 잘 나오게 하는 효과가 있는 허브이다.

임신 중에는 변비가 되기 쉽기 때문에 짙은 녹색의 야채, 신선한 과일, 섬유질이 많은 식품, 미네랄 워터, 주스, 허브 티, 미정백(未精白)의 탄수화물을 많이 섭취하고 지방이 많은 유제품이나 정백전분, 설탕 등은 최소한으로 삼가도록 한다. 펜넬 티, 로즈 티도 변비에 좋은 허브 티이다.

임신으로 인해 신경질적이 되기도 하고 불면증에 시달리기도 하는데, 그럴 때는 긴장을 풀고 허브 목욕에 편안히 취해 보는 것도 좋은 일이다. 라벤더, 레몬 밤, 로즈, 카모마일, 로즈메리 등은 긴장을 풀거나 기운을 회복시키는 데도 효과가 있다.

또 체력이 약해져 있고 병에 감염되기 쉬울 때는 일상의 생활관리가 중요하므로 살균소독도 겸해 체력을 강화시키는 티트리 에센셜 오일을 목욕에 이용하거나 방안 공기를 청정하게 하는 데 사용한다.

티트리는 향기가 강하고 기호(嗜好)도 있으므로 라벤더나 레몬과 섞으면 한결 사용하기 쉬울 것으로 생각된다.

임신 중인 본인이 조심하고 있어도 가족들이 밖에서 균을 묻혀 오는 경우도 많기 때문에 룸스프레이를 준비해 두면 손쉽게 사용할 수 있다. 끓는 물 100㎖에 베르가모트 에센셜 오일을 12방울 넣어서 잘 흔들고 나서 사용한다.

감기에 걸렸다고 생각되면 방향기에 라벤더나 베르가모트의 에센셜 오일을 피워 공기 청정에 노력한다.

방광염에 걸리기 쉬운 시기이기도 하므로 목욕할 때 욕조에 베르가모트 에센셜 오일을 몇 방울 첨가하거나 카모마일 티나 카모마일 에센셜 오일을 뜨거운 물에 1방울 떨어뜨리고 뜨거운 물수건을 만들어 아랫배에 습포하는 것도 도움이 된다(그림 31).

카모마일, 홉, 라임플라워 등의 허브 티를 취침하기 30분 전에 마시고 마음에 드는 허브 베개를 볼에 대고 자는 것도 안면으로 이끌어 주는 한 방법이다.

2) 생리시 케어

여성에게 한 달에 한 번씩 찾아오는 블루데이의 고통을

모르는 사람은 거의 없을 것이다. 그즈음에는 호르몬의 밸런스가 나빠져서 정서 불안정, 두통, 복통, 요통 등으로 고생을 한다. 이러한 증상을 완화시키는 데 도움이 되는 허브를 소개하고자 한다.

로즈메리의 우려낸 물을 마시거나 요리에 사용하고, 리코리스 뿌리는 허브 티로 마시며, 로즈와 로즈힙은 티나 목욕, 습포로 사용하며 로즈 오일은 수증기로 사용한다. 세이지는 우려낸 물을 마시거나 목욕, 습포로 이용하고, 안젤리카 역시 우려낸 물을 마시거나 목욕을 하며, 카모마일을 우려내서 마시는 방법도 있다.

독일에서는 홉을 따는 여성에게는 블루데이로 인한 트러블이 적다는 보고가 있는데, 이는 홉에 포함된 에스트라겐과 비슷한 성분 때문이라고 생각된다. 홉은 또 두통이나 변비에도 좋다고 알려져 있으므로 변비가 되기 쉬운 블루데이에는 홉의 허브 티도 좋을 것 같다.

2. 어린이를 위한 케어

'세 살 버릇이 여든까지 간다.'는 속담에서 알 수 있듯이 갓난아기 때부터 이미 성격이 형성되기 시작하며 나이가 들면서도 크게 달라지지 않는다. 신경질적이고 쉴새없이 우는 갓난아기를 키우는 어머니의 마음고생은 이루 말할 수 없을 것이다.

1) 신생아에게 유용한 허브

딜은 어원이 고대 노르웨이어인 딜라(Dilla)이며, '달래서 잠을 재운다'는 의미이다.

딜의 종자에 포함된 정유분에 진정작용이 있으므로, 예로부터 딜 종자의 우려낸 것을 복통에 사용하였다. 그 작용을 이용해서 딜의 종자를 갓난아기용 베개에 넣어주면 좋을 것이다.

딜 종자 1작은술을 유발(乳鉢) 등에 빻아 포트에 넣고 끓는 물 1컵을 부어 뚜껑을 덮고 식으면 거른다. 어린이는 필요에 따라 1작은술을 마신다. 수유 중인 어머니는 1큰술을 마시면 모유 촉진에 도움이 된다 (그림 32).

기저귀 습진도 갓난아기에게 빠지지 않는 골칫거리이다. 엉덩이를 통풍이 잘 되게 해 주고 무르지 않도록 하는 것도 중요하지만, 마리골드나 카모마일을 우려내 냉습포를 대기도 하고 오트밀과 카모마일과 마리골드의 파우더 믹스도 좋다고 한다.

치아가 날 시기에는 근질근질하기 때문에 카모마일 티를 아주 조금 마시게 하면 진정되기도 하고 마시맬로 뿌리의 한쪽을 이에 물리거나 리코리스 뿌리도 아기 장난감으로 도움이 된다.

밤에 우는 어린이나 갓난아이에게는 카모마일 티가 유용하다. 어린이에게는 따뜻하게 1컵을 마시게 하고 갓난아이에게는 우유병에 1큰술을 넣어서 마시게 한다. 유아에는 ½컵을 우유병에 넣어 마시게 하는 방법이 있다.

갓난아이는 대부분 자고 있는 시간이 많기 때문에 방안 공기의 청정에 마음이 쓰인다. 너무 강한 향기는 갓난아이에게 좋지 않으므로 순한 것으로 청결감이 있는 향기가 좋다. 여기에는 카모마일, 딜, 로즈메리, 바닐라 등이 어울린다. 아기 주위에 이러한 허브를 여러 가지 늘어놓아 향기를 나게 하거나, 방향 주머니나 베개에 채워서 매트 주위나 유모차에 걸어준다. 반드시 티없는 눈동자로 미소지을 것이다.

그림 ㉜ 딜 종자

① 딜 종자 1작은술을
유발에 으깬다.

④ 거른다.

② 뜨거운 물 1컵을 붓는다.

⑤ 어린이는 1작은술을
마시게 한다.

③ 뚜껑을 덮고 식힌다.

⑥ 수유 중인 엄마는
1큰술을 마신다.

2) 허벌 베이비 파우더

카모마일 30g, 마리골드 30g, 오트밀 30g, 컴푸리루트 15g, 계란 껍질 15g을 갈고 다시 매우 작은 필터로 걸러서 용기에 넣어 밀봉해 둔다. 땀띠용에는 또다시 콘스타치 15g을 첨가하면 좋을 것이다.

허벌 베이비 파우더와는 관계 없지만 어린이를 위해 참고로 하면 좋을 것으로, 밤에 잘 때 수시로 오줌을 싸서 요가 젖는 경우에는 저녁 식사 후에 수분을 취하지 않도록 하고, 목이 마른 경우에는 과일로 보충하도록 한다. 평상시의 식사도 염분을 피하도록 조심한다. 하지만 6~7세 정도까지 계속되는 아이들의 야뇨증(夜尿症)은 전문가와 상담해야 한다.

오레가노의 허브 티는 야뇨증과 악몽에 좋다고 하며, 또 파슬리와 옥수수의 수염차를 1일 3회 마시거나 옥수수 수염의 목욕도 유용할 것이다. 어쨌든 심리적인 영향도 크기 때문에 조급해하지 말고 애정을 가지고 참을성 있게 죽 지켜봐 주는 것이 중요하다.

3. 비만을 막는 허브

식사 제한을 소홀히 하고 또 심야에 먹는 일은 비만의 주요한 원인이다. 체질은 부모를 닮는 것이라고 위로해 보지만 비만은 역시 건강에 미치는 영향이 크다고 본다.

여기에서 허벌리스트 진로즈 씨의 《비만 방지를 위한 식사 메뉴》를 소개한다.

아침은 그레이프프루트 주스와 삶은 달걀 또는 수퍼시리얼이다.

오전 9시에는 그레이프프루트 주스 또는 비만 방지용 허브 티, 복숭아 또는 자신이 좋아하는 과일. 점심 식사는 그레이프프루트 주스, 삶은 달걀 또는 레몬과 워터크레스를 덧붙인 생선회. 오후 3시에는 소금을 살짝 뿌린 생토마토 또는 그밖에 다른 과일이나 야채, 셀러리, 비만 방지용 허브 티에 레몬을 곁들인다. 때때로 벌꿀을 곁들여 먹는다.

저녁 식사는 야채 샐러드, 그레이프프루트 주스이다. 야식은 그레이프프루트 주스, 산성 과일과 야채이다(그림 33).

1) 비만을 방지하는 허브 티 만드는 법

알파파 잎(이뇨, 치아, 궤양에 좋다), 컴푸리 잎(조직을 개선한다), 캐롭(혈액정화, 모발에 좋다), 레몬 껍질(혈액정화), 엘더플라워(이뇨 작용), 카모마일(피부와 눈에 좋고, 이뇨에 유용하다) 각 ½컵씩을 혼합해 병에 보존해 둔다.

전부를 혼합해 두고 필요에 따라 미네랄 워터를 끓여 ¼컵을 넣고 뚜껑을 닫은 뒤 10분 정도 둔다. 걸러서 하루에 ½컵 또는 ¾컵을 마신다. 좋아하면 레몬이나 벌꿀을 첨가해도 좋다.

이 외에 우리 주위에서 쉽게 구할 수 있는 쑥, 미나리, 쑥갓, 부추, 파, 양파, 마늘, 미역 등과 더불어 현미식은 비만 방지에 훌륭한 식품이다.

2) 수퍼시리얼 레시피

아몬드, 호두, 캐슈 너트(Cashew Nuts) 빻은 것과 건포도, 해바라기 씨, 참깨, 호박씨, 오트밀(Oatmeal), 위트 플레이크(Wheat Flake), 밀배아(Wheatgerm), 유자를 각각 250g씩 잘 혼합해서 병에 담아둔다. 필요에 따라 언제든지 소량씩 간식처럼 먹는다. 우유나 소량의 벌꿀을 첨가해도 좋다.

비타민과 미네랄을 풍부하게 함유한 허브는 다음과 같다.

그림 ㉝ 비만 방지용의 식사

아침 식사는 그레이프후루트 주스,
삶은 달걀, 수퍼시리얼

오후 3시에는 토마토, 셀러리,
비만을 막는 허브 티, 레몬류

오전 9시는 비만을 막는
허브 티, 복숭아 또는 과일

저녁 식사는 야채 샐러드,
그레이프후루트 주스

점심 식사는 그레이프후루트 주스,
삶은 달걀

야식은 그레이프후루트 주스,
산성 과일(딸기 등)

❖ 비타민 A : 당근, 살구, 아보카도(Avoccado), 알파파(Alfalfa), 댄더라이온 (Dandelion), 케일(Kale), 레몬 그래스, 오크라(Okra), 파슬리, 고추, 파프리카 (Paprika, 매운맛이 없는 고추향료), 브로컬리, 시금치, 바이올렛, 네틀, 엘더 베리, 워터크레스, 치커리

❖ 비타민 B_1 : 땅콩, 잣, 콩, 해바라기씨, 밀배아, 호두

❖ 비타민 B_2 : 아몬드, 고추, 양송이, 밀배아, 사프란

❖ 비타민 B_6 : 비트(Beet), 양배추, 밀배아, 밀겨(Wheat bran), 이스트(Yeast), 당 밀(Molasses)

❖ 비타민 B_{12} : 알파파, 컴푸리

❖ 비타민 C : 레몬, 오렌지, 키위, 딸기, 아세로라 주스, 블랙커랜트(Blackcurrant, 양까치밥나무 열매), 브로컬리, 양배추, 구아바(Guaba), 케일, 파슬리, 피망, 파프리카, 워터크레스(Watercress), 소렐, 렛리프, 파인니들, 네틀, 나스터튬

❖ 비타민 D : 아보카도, 우유, 밀배아, 워터크레스

❖ 비타민 E : 알파파, 아보카도, 댄더라이온, 호박씨, 참깨, 해바라기씨, 밀배아

❖ 비타민 K : 알파파, 밤

❖ 칼슘(Ca) : 보리지, 댄더라이온, 컴푸리

❖ 염소(Cl) : 아보카도

❖ 철분(Fe) : 시금치, 깻잎, 보리지, 컴푸리, 네틀

❖ 망간(Mg) : 비트, 홍당무, 셀러리, 차이브(Chive), 오이, 파슬리

❖ 칼륨(K) : 아보카도, 바나나, 보리지, 댄더라이온, 감자

❖ 유황화합물 : 댄더라이온, 파, 양파, 마늘, 셀러리, 워터크레스

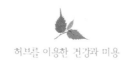

4. 애완동물 케어

애완동물이 우리들 인간과 함께 생활하게 된 것은 매우 오랜 역사를 갖고 있는데, 평온함과 친근감, 아낌없는 충성을 보여 주며 더불어 살아가고 있다. 이러한 콤패니온 애니멀로서, 이제는 친구 혹은 가족의 일원으로서 돌봐주며 커뮤니케이션도 함께 나누어야 하는 수준에 도달했다 해도 과언이 아닐듯 싶다(그림 34).

그림 34 개 케어

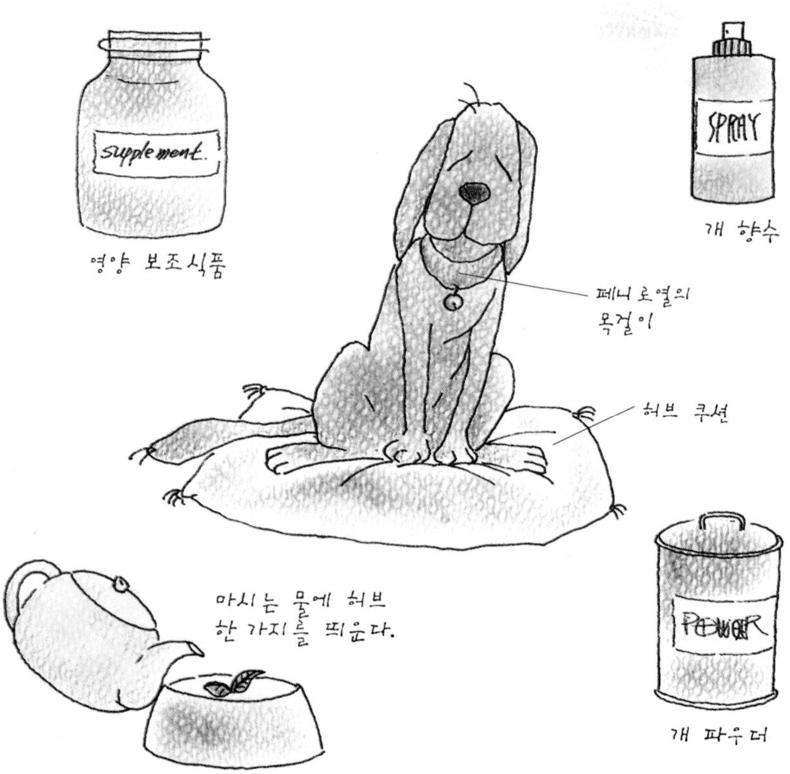
supplement
영양 보조식품
SPRAY
개 향수
페니로열의
목걸이
허브 쿠션
마시는 물에 허브
한 가지를 띄운다.
POWDER
개 파우더

1) 개가 좋아하는 허브 식품과 허브 물

사람과 마찬가지로 개에게도 매일 하는 식사와 운동은 중요한 일이다. 동물에도 허브의 효능은 매우 높은데, 허브를 넣은 도그 푸드(dog food) 수입품도 있다.

개에게 좋은 허브는 카모마일, 캐트닙, 컴푸리, 댄더라이온, 펜넬시드, 마늘, 마시맬로 뿌리, 네틀, 파슬리, 레드클로버, 로즈힙, 로즈메리, 타임 등이 있다. 발육기나 임신 중에는 밀크샷슬, 라즈베리 잎, 칙위드, 컴푸리를 전부 가루로 만들어서 보존병에 넣어두고, 보통 먹는 식사에 뿌리는 요령으로 사용한다.

그리고 마시는 물은 수돗물의 경우에는 반나절 동안 받아두었던 물을 사용한다. 마시는 물에 프레시 허브 한 가지를 넣어 준다. 여름 동안은 특히 물이 혼탁해지기 쉬우므로 살균을 겸해서 바질, 민트, 라벤더, 로즈메리, 세이지, 타임 등을 넣으면 좋다.

2) 개와 고양이의 벼룩 제거 허브

특히 몸이 약해져 있거나 나이가 들어서 저항력이 떨어지면, 벼룩이나 진드기의 표적이 되기 쉽다. 물론 어린 동물이라도 개나 고양이에게 벼룩은 부속물처럼 생각되어져, 시판되고 있는 벼룩 퇴치용 약이나 저주파 타입인 물건까지 나돌고 있는 형편인데, 실외나 실내에 따라서도 차이는 나지만 옥내에서 살고 있는 개는 비교적 피해가 적은 것 같다. 모기를 매체로 하는 무서운 필라리아 병의 예방약은 조금 비쌀지도 모르겠지만 개와 함께 지내기로 작정했으면 어릴 때부터 예방해 줄 의무가 있다고 생각한다. 살아 있는 말 못 하는 동물을 돌보아 주는 것이 진실한 애정이고 그야말로 인간이 동물과 함께 지낼 자격도 있는 것이다.

언제나 자는 장소에는 방향 주머니를 만들어 놓아 주면 벼룩 제거에

도움이 된다.

　고양이용에는 페니로열 60g, 캐트닙 30g, 카모마일 30g이다. 개용에는 페니로열 60g, 타임 30g, 웜우드 60g이다. 이것들을 혼합해서 개나 고양이의 크기에 맞춘 베개 속에 넣으면 완성이다.
　아메리칸 레드시더도 방충에 유용한 허브인데, 이 시더 잎을 많이 채운 이불, 요도 대단히 좋다. 개라면 60㎝ 정도의 크기로 만든다. 그 위를 깔개로 덮으면 몸에 시더의 향기도 옮아 개 체취의 완화에도 도움이 된다.

❁ 개와 고양이에 좋은 벼룩 제거 파우더

　페니로열 60g, 웜우드 30g, 로즈메리 30g, 카이엔페퍼 조금을 혼합한 것을 가루로 만들어서 용기에 넣어둔다. 필요에 따라서 몸에 뿌려서 스며들게 해 놓는다.

❁ 벼룩 제거와 액세서리가 되는 허브 컬러

　개나 고양이의 털 색깔이나 계절에 맞춘 천으로 스카프를 만들어 그 안에 벼룩제거용 허브를 넣어 말면 멋진 넥칼라가 된다.

　❁ 동물용인 응급처치약으로 마늘 가루와 골든실 가루를 같은 분량씩 섞어서 용기에 넣어둔다. 이것은 항균성인 파우더로 염증이나 벗겨진 상처, 세수 등 피부의 트러블을 완화하고 박테리아의 번식을 방지하는 것이다.

3) 개나 고양이의 눈을 지키는 허브

눈병도 비교적 많은 것이 개나 고양이이다. 물론 병원에 데리고 가는 일이 선결문제이지만, 홈케어를 해 주면 효과적이다. 마리골드 인퓨즌은 와일 박사도 권장하는 천연의 항생물질이므로 눈곱이 나와 있을 때에 그것으로 씻거나 닦아준다. 또는 평소에 홍차나 오룡차를 이용해도 좋다.

❀ 세면용 로션
컴푸리 뿌리 1큰술, 펜넬시드 1큰술을 섞어서 미네랄 워터 120㎖를 끓인 것을 따라 뚜껑을 덮고 식을 때까지 둔다. 커피 필터 등으로 완전히 걸러 병에 넣어 냉장고에 보존한다. 이것은 눈을 씻거나 상처, 염증, 물린 상처 등의 응급처치에도 사용할 수 있다.

4) 동물 냄새를 완화시키는 허브

실내에서 동물과 함께 살고 있으면 가족들은 익숙해져 있어도 방문객들은 냄새로 인한 괴로움을 느끼기도 하므로 항상 조심해야 한다. 특히 실내에서 오줌을 싸거나, 숫고양이의 배뇨 냄새야말로 보통 일이 아니다.

방안의 환기에 신경을 쓰며 향을 피우는데, 유향, 백단, 시더, 패초리, 시나몬 중에서 좋아하는 향을 선택해서 사용한다. 또한 모기 제거도 겸해서 현관 입구에서 피운다.

집 안에 찾아올 손님이 있을 때는 시간에 맞추어서 피우는 것도 하나의 방법이다.

❀ 로즈메리 바디 비누
로즈메리 비누는 기생충 예방이나 피부를 깨끗하게 하고 냄새를 완

화시키는 데 도움이 된다. 올리브를 주원료로 한 카스틸 비누 1개를 갈아 로즈메리 추출물을 120㎖ 첨가해서 중탕으로 해서 완전히 섞일 때까지 휘저어 섞으면 완성이다.

5) 고양이의 스트레스 해소용 허브

캐트닙은 영명에서도 알 수 있듯이 고양이가 좋아하는 허브이다. 몸을 비벼대기도 하고, 입으로 씹기도 하고 혀로 빨기도 하면서 대단히 기뻐한다. 캐트닙 말린 잎을 튼튼한 천으로 싸서 캐트닙 볼을 한 번 만들어 보자. 발레리안의 뿌리도 고양이가 좋아하는 허브이다.

2

건강과 미용에
유익한 허브 130종

갈릭 *Galric*

고대 이집트에서 피라미드 축조시 노
동자들이 강장작용이 있다고 하여
양파와 함께 상식했다는 것은 유
명하다. 또 강력한 방충, 살균효과
는 예로부터 정평이 나 있으며, 이
질, 백일해, 장티푸스, 간염 억제효
과가 있어서 민간요법으로 폭넓게
이용되어 왔다. 갈릭을 식물저장고에
함께 넣으면 해충의 피해를 막을 수 있
다. 특히 바구미가 싫어하는 허브이다.

그레이프프루트
Grapefruit

껍질에 방향 성분을 포함
하여 콜로뉴의 향으로
사용하거나 목욕제, 세
제에도 사용하고 있다.
방향에는 정신 고양이
나 정신력 강화작용이
있다. 살균효과, 공기
세정작용이 있고 실내
방향제로도 좋다.

그린벨 *Greenbell*

북반구의 온대지역에 약 300종 정도 분포
하고 있는 식물이다. 학명의 'Sirene'
는 그리스 신화의 주신(酒神)인
박카스의 아버지 시레네의 이름
에서 유래하고 있다. 영명에서
도 '종(鐘)'이라고 하는 이름
이 붙은 것은 꽃이 피고 난 뒤
에 종과 같은 모양을 닮았기 때
문이다. 일반적으로 꽃의 색깔은
흰색과 붉은 색이 있다.

나스터튬 *Nasturtium*

미네랄, 비타민 C를 다량 함유하고 있는데, 잎이나 꽃, 종자를 먹으면 강장, 혈액정화 해독효과가 있다. 잘게 썰어서 빻은 종자나 잎을 습포제로 하면 찰과상의 치료에 유용하다. 헤어 케어 제품에도 사용된다. 잎과 꽃은 샐러드로 이용된다.

니게라 *Nigera*

꽃이 지고 난 후에 맺는 열매는 딸기와 같은 향이 있고, 후추나 너트맥의 풍미가 있다. 동지중해 연안으로부터 인도에 걸쳐 많이 사용되는 스파이스로 카레나 콩요리에 사용된다. 또 빵이나 과자요리에 사용되며, 다양한 믹스 스파이스의 원료가 된다. 실로 귀중한 허브이다.

댄더라이온 *Dandelion*

강한 이뇨작용이 있어서 다이어트 식품에 넣으면 체내의 불필요한 수분을 제거해 준다. 또 혈액이나 조직의 정화작용도 하며 피부의 염증이나 궤양, 류머티즘 증상을 개선한다. 액즙을 피부에 발라서 사마귀를 제거하는 데도 사용한다. 잎이나 뿌리는 비타민 A, B, C나 칼륨, 칼슘을 다량 함유하고 간장을 활발하게 하여 피를 맑게 한다. 또 쓴맛의 건위약으로써 식욕증진과 소화촉진의 유효한 이뇨제로 쓰인다. 많은 양을 섭취해도 안전성이 높은 건위 촉진제이다. 뿌리를 이용한 허브 티는 커피 대용품으로 훌륭하다.

더스티 밀러
Dusty Miller

은백색을 띠고 있어 실버 가
든이나 컨테이너 가든의 가장자
리에 적격이다. 산뜻한 황금색의 꽃
과 잎은 관상용 허브 가든의 백미이다.

디기탈리스 *Digitalis*

고깔처럼 독특한 꽃을 피우는데, 허브
가든의 한 편을 수놓는다. 약리작용으
로는 강심제의 원료로 쓰이나 강한 독
성이 있어 유의하여야 한다. 꽃은 염
색용으로 쓰이며, 전초는 리스로 이용
한다.

딜 *Dill*

성서에 기재되어 있을 정도로 오래
전부터 이용되어 온 허브이다. 익은 종
자를 건조시켜 요리나 허브 티로 하여 식욕
증진, 소화촉진을 위해 사용한다. 어린이의 소
화기 계통의 병이나 장에 가스가 차는 것 등에 효
과가 크다. 말이나 가축의 복통 치료제로도 사용되고
있다. 딜에서 추출한 정유는 비누나 샴푸, 치약의 향료로서
이용되고 있다. 중세 유럽에서는 상처의 습포약으로서 기사들
이 이용하였다고 한다. 향에 진정작용이 있어서 종자를 이용하여
안면용 베개를 만들면 좋다.

라벤더 *Lavender*

현재 약 30여 종이 소개되어 있다. 라벤더는 가장 광범위하게 쓰이는데, 살균·
방충효과가 높아서 유럽에서는 오래 전부터 크로제트에 넣어 이용하였다. 꽃은
포푸리, 욕제, 화장수 등을 만드는 것 외에 꽃줄기를 이용하여 리스 등 인테리
어 용품을 만든다. 향에는 정신 안정효과가 있어서 베개에 오일을 한 방울 떨어
뜨리면 안면효과가 있다. 병실의 살균이나 옷장의 병충해 퇴치에 사용되어 왔
다. 두통약으로도 효과가 높고 정유는 화상이나 베인 상처, 햇살에 의한 화상,
벌레에 쏘인 곳 등의 치료에 탁월한 효과가 있다. 잉글리시종은 파리를 구충하
는 효과가 있고 프렌치종은 벼룩이나 모기가 피하며 탈취효과도 높아서 장롱이

나 크로제트, 구두상자에 넣어두면 효과가
높다. 정유는 포마드의 원료로도 사용한
다. 희석한 것을 두피에 문질러 바르면
발모를 촉진한다. 또 증류시 얻는 라벤더
워터는 피부의 세정과 상처의 손질에 사
용되며, 햇빛에 의한 화상이나 거친 피부
의 개선에 효과가 있다. 화장 크림에도 사용
한다. 라반딘(lavandin)종의 꽃은 포푸리, 욕제,
화장수를 만드는 데 쓰이며, 정유의 함유가 높아 향
료 원료로 재배된다. 특히 스파종은 피부의 재생효과가 높
고 화장수 등 피부관리용 제품의 원료가 된다.

람즈 이어
Lam's Ear

은색 비로드와 같이 부드러운 흰털로 덮인 잎은 보기에 어린양의 귀와 같다고 하여 람즈 이어라는 이름이 붙었다. 한여름부터 초가을까지 적자색이나 핑크색의 꽃을 피우는데, 플라워 어렌지먼트나 부케, 리스 등에 쓰이고 포푸리의 색을 내는 데도 훌륭하다.

러비지 *Lovage*

커다란 잎 전체에 셀러리와 같은
향이 있다. 수프나 스튜에 넣으
면 감칠맛이 생긴다. 잘게 썰
어 빵이나 치즈, 버터에 넣어
먹어도 좋다. 잎이나 뿌리의
침출액은 체내의 독소를 배출시
킨다고 하여 다이어트 효과가 기
대되는 허브이다.

레몬 *Lemon*

감귤류에는 약용효과가 높은 것이 많은데, 그중에서도 레몬즙은 살균, 수렴작용
이 있다. 또 빈혈 방지, 발한작용도 기대할 수 있다. 껍질에서 추출한 방향 성분
은 화장품, 실내 방향제, 세제 등에 사용된다. 방향에는 기분을 밝게 하고 두뇌
를 활성화하는 효과가 있다. 엷게 하여 구취제거제로 사용해도 좋다.

레몬 그래스 *Lemon Grass*

벼과 식물로 외견상 갈대와 비슷하다. 잎과 줄기를 비비면 레몬의 향이 난다.
생잎이나 건조한 잎을 카레나 스튜의 향을 내는 데 이용한다. 티는 복통이나 설
사에 효과가 있고 두통이나 발열에도 효과적이다. 잎에서 채취하는 에센셜 오일
은 정신력을 고양시켜 원기를 돋게 하는 효과가 있고, 근육, 혈행을 좋게 한다.
강한 해독작용과 악취 제거작용도 있어 특히 발냄새 제거에 효과적이다. 애완동
물에 달려드는 벼룩, 모기 등을 쫓는 애완동물용 콜로뉴에 넣어 사용해도 좋다.
줄기나 잎의 성분에는 의복에 붙는 좀벌레 등을 퇴치하는 성분이 있다. 타일랜
드 요리에 잘 쓰인다.

레몬 밤 *Lemon Balm*

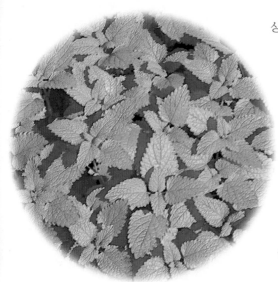

상쾌하며 민감하고 지속성 있는 레몬 밤의 향에는 오드콜로뉴(eau de Cologne), 비누 등의 소재에 사용된다. 욕제로 이용하면 심신을 릴랙스시키며, 기분을 고양시키는 효과가 있다. 높은 항바이러스 작용을 하여 전염성이 있는 병이나 헤르파스 효능이 있다고 전해진다. 생리통을 억제하고 생리를 촉진시키는 효과도 있다고 한다. 살균·방부작용이 있고 침출액은 피부의 세정액으로 사용된다.

레몬 버베나
Lemon Verbena

티에 함유된 진정작용은 기관지염이나 비염에 효과가 있다. 봄에 발생하는 화분증이나 감기의 초기 증상에 좋고, 소화를 도와 위의 거북함을 해소한다. 티를 마시고 남은 것은 눈의 세정제로 이용해도 좋다.

레이디스 맨틀
Lady's Mantle

오래 전부터 지혈제로 잘 알
려진 허브이다. 생리를 바르
게 해 주며, 산후 회복에도
효과가 높다. 갱년기 장애
에도 이용되어 여성에게 있
어서 중요한 허브이다. 그
외에 지사제로도 이용된다.

로즈 *Rose*

꽃잎은 예로부터 화장수나 욕제로 사용하여 높은
미용효과를 얻었다. 열매로부터 채취되는 로즈
힙 오일에는 피부의 재생작용이 있고, 아름다운
피부 유지의 크림으로 사용되어 왔다. 꽃에서
채취되는 정유는 향수 등의 화장품으로 귀중하
게 이용되고 있다. 다마스크 로즈는 꽃잎을 증류
하여 추출한 정유를 아로마세라피에 사용한다. 로
즈에서 1㎖의 정유를 채취하려면 4㎏의 꽃잎이 필요
하며 몇 방울의 정유를 만들려면 3,000개 이상의 꽃잎이 필
요하다. 로즈 오일은 이렇게 귀하게 얻어지므로 가격이 매우 비싸나 아름다운
피부 유지작용이 있어서 크림이나 향수의 원료로 쓰이고 있다. 빨갛게 성숙한
열매는 강장제로서도 사용되는데, 제2차 세계대전 중에 영국에서는 비타민 C 의
공급원으로도 이용하였다. 열매와 잎은 강장, 이뇨, 수렴약으로서 이용하며, 습
포제로서 상처 치료에 사용해도 좋다.

로즈메리 *Rosemary*

일반적으로 이용되는 것은 약 17종류가 있는데, 강하며 상쾌한 향에는 두뇌를 명석하게 하고 기억력을 증강시키는 역할을 하여, 수험생들에게 가장 적합한 향이다. 무기력이나 나태함을 느꼈을 때 콜로뉴로 사용하면 효과적이다. 또 피부를 젊게 하므로 로즈메리 워터는 아름다운 피부 화장수로서도 인기가 높다. 침출액은 외용약과 더불어 두통약으로 뛰어난 효과를 발휘한다. 또 간즙의 분비를 촉진하여 소화작용과 담낭의 운동을 활발하게 시키고 있다. 항균작용, 혈행의 촉진에도 효과적이다. 꽃의 증류수는 눈의 세정에 사용하며 잎은 향수의 원료로 쓰이고 있다. 또 우리와 같이 검은 머리에 잘 맞아 린스로 사용하면 비듬을 억제하는 효과가 있다. 예로부터 로즈메리의 헤어토닉은 잘 알려져 있다.

로켓 *Rocket*

잎에 강한 방향과 어느 정도의 매운 맛이 있다. 비타민 C 가 풍부하여 고대 로마시대부터 식용으로 이용되어 온 야채이다. 종자는 머스터드 대용으로 쓰고 있다. 잎에는 이뇨작용이 있고 위를 말끔하게 하는 효과가 있다. 이탈리아 요리에 많이 쓰이며 신선한 샐러드로도 만점이다.

루 *Rue*

잎에서는 독특한 향을 발산한다. 건조시킨 잎은 매우 강력한 제충 효과가 있으므로 피부가 약한 사람이나 유아는 주의를 요한다. 집 안으로 침입하는 개미를 막는 데 효과가 있고, 피부가 약한 사람이나 어린아이가 만지지 않도록 특별히 주의를 요한다.

루 바브 *Rue Barb*

루 바브의 산뜻한 맛과 색으로 만든 잼과 파이는 유명하다. 그러나 잎에는 우리 몸에 좋지 않은 산(酸)을 포함하고 있으므로 잎줄기(잎병)만 사용해야 한다. 약 70~80cm 정도 성장하여 잎줄기가 붉게 물들었을 때 식용으로 한다.

리코리스 플랜 *Licorice Plant*

약 3000년 전부터 넓게 이용되어 온 대표적인 약용 허브이다. 건조시킨 줄기나 침출액은 거담, 진경, 완화, 항염증의 약이 되며, 기침이나 기관지염, 위궤양 치료에도 이용되어 왔다. 단맛이 있는 뿌리는 식용으로 귀중하게 이용되어 왔다.

린덴 *Linden*

꽃을 이용한 욕제는 심신을 릴랙스시키며, 강장효과 외에 상처의 치료나 아름다운 피부유지에 효과가 있다. 잎과 수피(樹皮)를 달인 액은 베인 상처, 화상의 치료에 이용된다. 잎과 꽃의 침출액은 화장수로서 피부의 세정과 새하얀 피부를 위해 사용된다. 꽃을 이용한 허브 티는 소화를 촉진한다고 하여 유럽에서는 식후에 마시고 있다. 스트레스에 의한 히스테리나 불면증을 완화시키며, 발한작용도 있어서 감기의 초기 증상이나 성인병에도 효과가 있다.

마조람 *Marjoram*

피부의 정화, 진정, 진통작용을 하며 좌상의 흔적을 없애는 데 효과가 있다. 방향 성분은 향수나 콜로뉴, 비누 만드는 데 넓게 이용된다. 욕제로 하면 운동 후의 근육통을 완화시키고 정신을 안정시키는 것 외에 강장작용도 있다. 잎은 소화기계의 부조를 개선하고 식욕증진, 소화촉진, 위장 기능의 증진에 효과가 있다. 또 욕제로 사용하면 감기나 오한에 좋고, 요리에 사용하면 살균작용으로 산화방지를 한다. 잎을 빻은 습포약은 류머티즘, 신경통 치료에 사용된다.

마시맬로

커몬맬로

무스크맬로

맬로 *Mallow*

마시맬로의 뿌리를 분말로 하여 습포제,
세정제로 하면 노화피부, 알러지 질환에
효과가 있다. 특히 노인들의 얼굴에 피는 검
버섯을 없애는 데 효과가 좋다. 2년째 된 뿌리,
잎, 꽃을 채취하여 건조시킨 것을 달이거나 습
포제로 사용하면 입 안, 인후, 입의 염증을 경감시킨다. 잎의
허브 티는 기관지염이나 호흡기 장애를 완화시키고, 거
담작용도 있다. 벌에 쏘였을 때 생잎을 빨아 쏘인 부
위에 습포할 경우 붓기가 빠진다고 한다. 커몬맬로
의 꽃, 잎, 뿌리는 입욕제로 쓰며 피부의 염증이
나 기관지염에 유효하다. 달인 액을 습포제로 해
도 같은 효과가 있다.

164

머스터드 *Mustard*

머스터드에는 블랙, 화이트, 브라운이 있
는데, 요즘은 블랙보다 매운맛이 덜한 브
라운이 많이 쓰인다. 꽃이나 삶은 어린
잎을 데치거나 샌드위치에 넣으면 머스
터드 특유의 자극적인 맛을 즐길 수 있
다. 중국에서는 종자를 류머티즘이나 요
통의 치료에 쓰고 있다. 샐러드로도 좋다.

머틀 *Myrtle*

은매화라고 불리우는데, 상쾌한 향이 있어서 잎이나 꽃을 건조시켜 리스나 포푸리에 이용한다. 꽃은 생으로 샐러드나 요리의 장식에 이용한다. 줄기의 방향은 양(羊)의 로스트 풍미를 내는 데 어울린다. 잎에는 살균작용이 있고, 침출액은 타박상 치료에 사용한다. 꽃으로 만드는 화장수는 '천사의 물'이라고 하여 예로부터 유명하다.

멀레인 *Mullein*

노란색의 꽃은 리큐어
(Liqueur)의 향을 내는 데
사용하며, 습진에 쓰이거나
상처의 회복을 돕는 데 쓰인
다. 꽃에서 얻은 침출액은
감기와 인후통을 억제한다.
또 생잎을 우유로 삶아 가제
로 싸서 얼굴에 습포하면 피
부를 촉촉하게 해 준다. 또
는 건조시킨 꽃을 두 움큼
정도 올리브 오일에 1주일
정도 담가 도포제로 사용한
다. 올리브 오일에 꽃을 담
근 것도 피부의 염증이나
부은 곳을 가라앉힌다. 습진
의 염증을 완화시키고 외상
의 치유에도 효과가 있다고
한다.

메도스위트 *Methosweet*

잎의 침출액은 설사를 멎게 하는 효과가 있다. 또 발한을 촉진시키므로 너무 살이 찐 사람들은 수분을 체내에서 배출시키는 데 유용하다. 꽃을 물에 수시간 담그고 여과하여 화장수를 만들면 미안(美顔)과 피부의 세정에 사용한다. 건조한 잎을 욕제에 넣어도 피부의 세정이 된다.

민트 *Mint*

살균, 소화촉진, 건위작용으로 입 안의 소취제, 치약, 위약 등의 원료로 쓰이고
있다. 허브 티에는 소화 촉진작용이 있어서 식후에 마시면 좋다. 그 외에 위가
거북하거나 명치 언저리의 통증, 소화불량에 뛰어난 효과가 있다. 또 감기나 인
플루엔자에도 효과가 있다. 현재 약 25종의 민트가 소개되고 있는데, 여기에서
는 대표적인 6종만 소개하기로 한다.

① 스피어민트 (Spearmint)

페퍼민트보다 달콤한 향으로 피부
에 부드럽다. 지성 피부의 손질에는
잎의 침출액으로 만든 로션이 효과
적이다. 또 피부조직을 팽팽하게 긴
장시키는 작용을 하고, 욕제로 이용
하면 스트레스 해소에 효과적이다.
잎에서 추출된 정유는 껌이나 치약,
사탕, 습포제 등에 사용되므로 현재
대량 재배되고 있다. 상쾌한 향에는
기분을 리프레시시키는 것 외에 뇌

를 자극하므로 집중력과 기억력을 증강시키는 효과가 있다.

② 애플민트 (Applemint)

옅은 사과향이 나는 민트이다.
잎을 비네거나 시럽에 사용하
면 향이 높은 조미료로 사용할
수 있다. 허브 티로서도 최고
의 향을 즐길 수 있다.

③ 오데코롱민트
(Eau de Colognemint)

자색의 줄기와 잎이 독특한 민
트이다. 잎에는 레몬과 같은 방
향이 있어서 화장품에 많이 쓰
이며, 허브 목욕에도 최적이다.

④ 파인애플민트
(Pineapplemint)

잎의 가장자리에 크림색의
라인이 부정형으로 물들어
매우 독특하고 보기 좋은
품종이다. 달콤한 향의 민
트 티도 즐길 수 있다.

⑤ 페니로열민트 (Pennyroyalmint)

벼룩 등의 해충이 싫어하는 허브로 아마포로 건조시킨
허브를 싸서 애완동물의 목에 걸어주면 효과가 있다.

⑥ 페퍼민트 (Peppermint)

상쾌한 향은 치약에 넣어 사용하고 있
으며, 구취를 제거하는 효과가 있다. 달
인 물이나 생잎을 빻아 습포약으로써
피부의 염증이나 타박상 치유에 사용된
다. 독소를 없애는 작용도 있고 피부염
이나 피부의 가려운 곳에 효과가 있다.
민트종에서 특히 살균, 구충효과가 뛰어
나다. 크로제트에 넣어두면 상쾌한 향이
오래 지속된다. 장마 때 향주머니를 만
들어 의복에 넣어두면 냄새 제거와 살
충효과가 있다. 어린이 방의 창문에 놓
아두면 안전한 구충 소재가 된다.

바질 *Basil*

허브의 왕으로 불리고 있는 바질은 이탈리아 요리에서 빠지지 않는 재료이다. 현재 소개되어 있는 바질은 약 10종 정도인데, 여기에는 다음의 대표적인 4종만 소개하기로 한다.

① 다크오팔 바질 (Darkopal Basil)

잎이 어두운 자색을 띠고 있어 붙여진 이름. 스위트 바질보다 부드러운 풍미를 즐길 수 있다. 파스타 소스에 적격이다.

② 부시 바질 (Bush Basil)

작은 난형의 잎에 강한 향을 풍긴다. 스위트 바질보다 추위에 강한 것이 특징이다.

③ 세이크레드 바질 (Shakered Basil)

일명 홀리 바질이라고도 하는데, 인도에서는 힌두교의 크리슈나 신, 비슈누 신에게 봉헌하는 신성한 식물이다.

④ 스위트 바질 (Sweet Basil)

바질의 대표적인 품종이다. 스파이시한 향이 있으며, 흰 꽃이 우아하게 피는데, 꽃이 피기 전에 잎을 따서 사용하는 것이 적기이다. 달콤하고 강한 향에는 강장 작용과 살균, 항염증, 피부 개선작용이 있고, 식욕증진 및 소화촉진의 효과가 있다. 또 달인 액을 입가심으로 하면 입 안의 염증에 효과가 있으며, 구취를 제거한다. 욕제로 사용하면 향에는 정신고양, 피로회복과 아름다운 피부미용에 유효하다. 여드름 피부를 릴랙스시키는 효과가 있다. 신경강장제로써 최고의 역할을 하는 정유 중의 하나이다. 두뇌를 활발하게 함과 동시에 두통의 증상을 개선한다. 졸음을 쫓는 효과가 있어서 야근이나 장거리 운전, 시험공부에 필요한 최적의 향이다. 또 피로가 축적되었거나 신경쇠약시에 욕조에 오일을 몇 방울 떨어뜨리고 목욕을 하면 효과가 높다. 달인 물에는 혈액 중의 요산량을 감소시키고, 신경통의 개선이나 근육통의 완화효과가 있다. 키친 허브로써 부엌의 창 밑에 놓아두면 수시로 이용할 수 있다.

발레리안 *Valerian*

뿌리의 침출액은 신경과민증이나 히스테리의 진정제로 사용되어 불면증에 효과가 있다. 향수의 원료로 쓰이고 있는 뿌리는 정신안정제로도 사용된다. 흥분 상태의 기분을 진정시켜 주며, 상처나 궤양에도 효과적이다. 허브 티를 피부의 세정에 사용하면 피부염증을 가라앉힌다. 정유에는 많은 방향 성분을 포함하고 있어서 화장품에 쓰이고 있다. 최근에는 항암작용이 있다고 발표되고 있다. 캐트닙과 마찬가지로 고양이가 좋아하는 허브이다.

버베인 *Vervain*

수렴·이뇨, 살균 등의 작용이 있으며 버베인 티(tea)를 만들어 마시면 체내 정화에 효과가 있다. 또 목욕제로 쓰면 피부 미용에 뛰어나고 화장수로 만들어 쓰면 피부를 팽팽히 긴장시키는 효과가 있다. 유럽에서는 꽃의 습포약으로 상처의 소독과 피부의 통증에 오래 전부터 활용하여 왔다. 잎을 달인 물은 헤어토닉 원료로 이용된다. 꽃의 침출액은 불면, 신경성 두통, 생리통 등을 완화·진정시키는 작용이 있고, 특히 블루 버베인은 간장이나 폐에 좋은 효과가 있다고 한다.

블루버베인

베르가모트
Bergamote

방향성분의 식물로써 넓게
이용되고 있다. 달인 액이
나 빻거나 이긴 꽃과 잎
은 피부병이나 거친 피부
의 치료에 쓰였으며, 헤
어 오일이나 햇빛에 익은
화상용 로션의 재료로 이용
되었다. 욕제로 사용하면 심
신의 릴랙스와 아름다운 피부
유지를 기대할 수 있다.

베르가모트 오렌지 *Bergamote Orange*

아로마세라피에 사용되고 있는 베르가모트는 꿀풀과의 베르가모트가 아니고 귤과 과일의 껍질에서 정유를 채취한 것이다. 프레시하고 달콤한 방향은 마음을 진정시킨다. 피부의 정화작용도 있고 화장수를 만드는 데도 사용된다.

베이 *Bay*

욕제로 사용하면 냉증에 유효하며 신경통이
나 류머티즘의 통증을 완화시키고 강장효
과도 기대할 수 있다. 잎을 빻아서 알코
올에 넣으면 육모(育毛)효과가 있는
로션을 만들 수 있다. 방향성분을 추
출한 것은 식품이나 화장품의 향료로
사용되고 있다. 저자극의 살충제로도
이용된다. 쌀통에 베이 잎을 2장 정도
넣어두면 쌀벌레가 달려들지 못한다고
알려져 있다. 크로제트에도 몇 장 넣어두
면 향이 퍼져서 방충효과를 높일 수 있다.

베토니 *Betony*

고대부터 쓰여진 약초로 달인 잎은 신경
의 진정, 두통 완화, 강장효과가 있다
고 한다. 베인 상처, 곤충에 쏘인 곳
등의 경우에는 이 액을 습포한다.
옛날에는 건조한 잎의 분말이나 태
운 연기를 흡입하여 두통을 치료하
였다고 한다.

보리지 *Borage*

종자에서 채유되는 보리지의 정유는 최근 마사지 오일, 화장 크림으로써 소비가
급증되고 있는데, 습진이나 피부병에 효과가 있다. 잎과 꽃은 욕제로 이용되며,
피부를 부드럽고 청결하게 하고 심신의 릴랙스
효과와 이뇨·발한작용도 있다. 꽃이 필
시기에 잎을 따뜻한 물에 담근 습
포약은 간장이나 방광의 염증에
효과가 있다. 달인 물은 이뇨,
발한작용에 효과가 있고, 류
머티즘나 호흡기의 감염증에
도 효과가 있다. 잎이나 종자
의 허브 티는 수유기에 모유를
잘 나오게 하는 역할을 한다.

사프란 *Saffran*

예로부터 부인병에 없어서는 안 될 정도로 쓰이는 유명한 허브이다. 파에리아나 부이야 베스 등의 요리에 사용되는 사프란은 대단히 고가인데, 한 개의 꽃에 3개밖에 없는 수술은 200g으로 겨우 1g 의 사프란을 얻어낸다. 물이나 온수에서 색을 낸 것을 요리에 사용하면 예쁜 황금색이 나며 은은한 향이 난다. 특히 어류에 잘 맞으며 버터, 케이크, 치즈, 우유에 첨가하여 사용한다. 진통, 발한작용이 있다.

사플라워 *Safflower*

우리에게 홍화로 알려진 허브로써 염색의 재료로 오래 전부터 쓰인 꽃이다. 처음에는 황색의 꽃을 피우는데, 점점 오렌지색으로 변한다. 염색시에는 매염제에 따라 황색이나 황동색이 나타난다. 이 꽃에서 채취되는 홍화유는 콜레스테롤을 저하시키는 리놀산이 풍부하게 함유되어 있다.

산톨리나 *Santolina*

잎을 건조시킨 것은 양복이나 옷장에 넣어두면 방충용이 된다. 중세 유럽에서는 줄기를 묶어서 벽이나 천장에 걸어놓거나 방바닥 밑에 넣어서 두었다고 한다. 종자를 달인 것으로 허브 티를 만들거나 구충약으로 음용하기도 했다.

▼ 제주도 '붉은 못 허브 팜'의 산톨리나 소로(小路)

샐러드 버닛 *Salad Burnet*

레이스와 같이 독특한 잎은 양초나 비누에 붙여 장식하면 즐거운 허벌 라이프가 된다. 잎은 오이향이 나는데, 비타민 C가 풍부하다. 샐러드는 허브 버터에 어울린다. 잎, 줄기, 꽃에 비타민과 미네랄이 풍부하여 강장, 이뇨효과가 있으므로 허브 티로도 권유해 본다.

세이보리 *Savory*

① 섬머 세이보리 (Summer Savory)

잎이나 줄기에 포함되어 있는 방향성분은 위장의 운동을 활발하게 하여 식욕을 증진시킨다. 허브 티나 달인 물은 거담, 구풍, 이뇨에 효과적이다. 또 구충작용과 방부작용이 있어서 방부성 양치약으로서도 사용된다. 흥분작용도 있어서 미약으로 사용되었다.

② 윈터 세이보리 (Winter Savory)

소화촉진과 소독작용이 있다. 벌이나 벌레에 쏘였을 때 효과가 있으며, 욕조에 넣으면 기분이 고양되고 피로회복에 효과가 있다. 미약으로 사용된다.

세이지 *Sage*

약 36종의 세이지가 알려져 있는데 일반적으로 세이지 하면 가든 세이지를 말한다. 살균, 육모효과가 있다. 꽃과 잎을 달여서 로션이나 샴푸를 만들거나 삶아 이긴 잎으로 습포제를 만들어 상처에 바르거나 피부 장애의 개선에 사용한다. 욕제로 사용하면 피로회복과 아름다운 피부를 만드는 데 효과가 있다. 비만 해소에도 효과가 있다. 잎에서 추출한 정유는 남성용 향수로 많이 쓰인다. 독특하고 선명한 강한 향에는 뇌신경을 자극하고 기억력을 향상시킨다. 강한 살균작용이 있으므로 실내 정화를 위하여 콜로뉴에 함께 가하면 좋다. 또 근육통을 부드럽게 하는 효과도 있다. 식품의 방부제로 사용되며 탈취, 방취에도 뛰어난 효과가 있다. 건조시킨 잎을 다발로 묶어 크로제트나 벽에 걸어 장식하면 효과가 있다.

① 골든 세이지
(Golden Sage)

그린과 골드의 반점이 들어
간 잎은 매력적이며, 부드러
운 향이 있다.

② 라벤더 세이지 (Lavender Sage)

라벤더의 이름과 같이 초여름에서 늦가을까지 청자색의 꽃을 피운다. 서리에 잎
이 말라 버리지만 봄에는 새싹이 나온다.

③ 메도 세이지 (Meadow Sage)

초장 40~50cm 의 상록 다년초이다. 여름
에서 가을에 걸쳐 입술 모양의 매력적
인 푸른 꽃을 밑에서부터 차례로 피운
다. 여름 가든의 청량제와 같다.

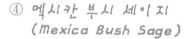

④ 멕시칸 부시 세이지
(Mexica Bush Sage)

멕시칸 민트 부시라는 별명과 같이 민트향을
뿜는다. 멕시코처럼 건조한 땅과 직사광선을 좋아
하는 대형종이다.

⑤ 블랙나이트 세이지
(Blacknight Sage)

이름처럼 검은색의 꽃을 피우
는 귀한 세이지로써 매우 인기
있는 품종이다. 꽃의 개화 시기
는 늦봄에서 여름까지이며, 겨
울에는 실내에 두어야 한다.

⑥ 예루살렘 세이지 (Jerusalem Sage)

여름에서 가을에 걸쳐 노란색의 꽃을 피우는데, 레몬향이 난다. 옅은 황녹색의 잎
은 가장자리가 은색으로 빛나는데, 세이지 중에서도 특히 아름다운 품종이다.

⑦ 체리 세이지 (Cherry Sage)

봄부터 늦가을에 이르기까지 붉은 장미색의 꽃이
피고 지는 것이 특징이다. 꽃과 잎에서 향긋한 체
리향을 발산하여 체리 세이지란 이름이 붙었다.

⑧ 클라리 세이지 (Clary Sage)

예로부터 만병에 효과 있다고 하여 성하게 재배되
어 왔다. 살균작용이 뛰어나 중세 유럽에서는 전염
병 예방으로 입가심에 쓰였거나 살포하였고 이 외
에도 사용되었으며, 수렴, 구풍, 통경, 이담, 혈당강
하, 항발한작용 등이 있다. 잎의 침출액에는 살균과
피부의 재생작용이 있고, 궤양, 베인 상처, 거친 피
부의 손질에 유효하다. 방향성분을 추출한 정유는
오드콜로뉴를 만드는 데 사용되며, 그것을 라벤더
워터와 섞으면 노화방지에 한층 효과가 있다. 특히
자궁의 여러 가지 장애에 효과적이다. 향에는 정신
안정효과가 있고, 스트레스가 쌓였을 때 보다 릴랙
스시킨다. 오일에는 세포를 젊게 하는 효과가 있어
서 샴푸, 화장수, 크림 등의 화장품에 사용된다. 또
욕조에 몇 방울 떨어뜨리면 피로회복에 유효하다.

⑨ 파인애플 세이지
(Pineapple Sage)

파인애플의 향이 나는 잎은
육류요리에 풍미를 더하여
준다. 건조시킨 잎은 포푸리
에 좋아서 집안에 두면 탈취
효과에 좋다.

⑩ 퍼리너세아 세이지 (Farinasea Sage)

짙은 자색의 꽃은 산뜻한 녹색의 잎과 아름다운
콘트라스트를 이루는 아름다운 품종이다. 가든
의 주역을 이루므로 초장과 색상을 고려하여
식재한다.

191

⑪ 퍼플 세이지 (Purple Sage)

자색이 들어간 잎이 매력적이다. 허브 티로 하며, 어느 염증이나 완화시키는 약효가 있다.

⑫ 페인티드 세이지
(Painted Sage)

핑크, 블루, 화이트가 있다. 정원에 심으면 관상용으로도 특히 눈에 띄는 허브이다. 겨울에는 약하므로 주의를 요한다. 3색의 세이지를 섞어 식재하면 허브 가든에서 훌륭하게 연출된다.

세인트 존스 워트 *St. John's wort*

달인 액 또는 식물유에 잎을 잘게 썰어서 우려낸 것은 베인 상처, 거친 피부, 여드름 등과 근육통에 효과가 있다. 살균작용도 있어서 구취방지의 입가심약으로도 쓰인다. 또 수렴작용이 있고, 주름살 방지 등 피부 손질에도 이용된다.

센티드제라늄 *Scented-Geranium*

현재 약 43종의 제라늄이 소개되고 있는데, 각기 품종이 다른 제라늄마다 잎에는 다른 향을 갖고 있으며 기분을 밝게 하는 효과가 있다. 예를 들면 민트향의 제라늄, 장미향의 제라늄, 레몬향의 제라늄, 과일향의 제라늄, 자극적인 독특한 제라늄 등이 있는데, 그중에 좋아하는 오일을 선택하여 욕조에 오일을 몇 방울 떨어뜨리면 그날의 정신적 피로를 풀어줄 것이다. 또 모기를 쫓는 효과도 있다. 피부염이나 동상에 사용되는 마사지 오일의 재료로도 이용되고 있다. 항균, 살균작용이 있으며 신체의 강장에도 효과가 있다. 또 피부질환에 사용되기도 하고, 특히 장기간에 걸친 호르몬제 사용에 의한 습진에도 효과적이다. 피지의 균형을 유지하는 성질이 있으므로 페이셜 제품에 많이 사용된다. 특히 장미향을 내는 로즈제라늄은 향수, 화장품, 비누 등 폭넓게 사용된다.

라덴스제라늄

파인제라늄

애플제라늄

셀러리 *Celery*

우리에게 가장 잘 알려진 식용 허브 중의 하나이다. 남유럽 및 스웨덴이 원산지인데, 본래 야생 셀러리는 '스몰 에이지'라고 하며 쓴맛이 강하여 17세기 이후에 이탈리아 사람들에 의해 품종이 개량되어 현재에 이르고 있다. 우리나라에서 셀러리를 사용한 역사는 자세히 알 수 없지만 16세기 일본의 도요토미 히데요시(加藤淸正)가 침략하여 패전하고 돌아갈 때 그가 셀러리를 당근 씨앗으로 잘못 알고 일본으로 가지고 갔다. 그 후 일본에서는 셀러리를 그의 한 자어 이름을 따서 청정(淸正) 당근이라고도 부르고 있다는 기록이 있다.

셀프 힐 *Self Heal*

셀프 힐은 '스스로 낫는다'는 의미로, 학명인 'Prunella'는 독일어로 '편도선염'을 가리킨다. 예로부터 꽃봉오리나 줄기를 갈아서 입가심약으로 사용하였다. 건조시킨 것은 이뇨제를 만들었고, 습포제로 외상 치료에 썼다. 또 방광염이나 임파선염에는 잎, 줄기, 꽃을 갈아 마시든가 분말을 사용하였는데, 최근 중국에서는 셀프 힐이 '혈압'을 내리는 작용이 있다고 연구·보고되고 있다.

소렐 *Sorrel*

산뜻한 산미가 있는 커다란 잎은 비타민을 풍부하게 함유하고 있다. 생잎을 샐러드하며, 살짝 데쳐서 고기나 생선요리에 넣거나 소스로 이용한다. 잎으로 만든 티는 신장병이나 간장병의 이뇨제로 쓰이며, 해열효과도 있다. 잎으로 만든 습포제는 상처나 부스럼, 종기 및 여드름에 효과적이다. 뿌리는 부드러운 완화제로 쓰이고, 잎줄기(엽병)와 잎은 염료로 쓰인다.

소프워트 *Soapwort*

사포닌을 포함한 천연비누로 유명하다. 생잎을 손으로 비비면 거품이 일어나므로 비누와 같이 사용한다. 잎이나 뿌리를 삶아서 우려낸 물을 샴푸로 사용하거나 여드름 또는 거친 피부의 세정제로 이용할 수 있다. 델리킷한 조직의 세탁물에 사용해도 좋다.

스위트 바이올렛
Sweet Violet

향료 원료로 유명한 제비꽃과에는 예로부터 약용식물이 많다. 피부가 부어 올랐거나 진통, 습진 등에 전초를 소금과 함께 빻아서 환부에 도포(塗布)하면 효과가 있다. 또 꽃과 잎은 기관지염, 천식 등의 호흡기계의 장애에 효과가 있다. 입가심약이나 세정약으로 상처를 치유하며, 또 궤양에 유용하다. 방향이 높은 정유는 향수를 만드는 데 이용되어 왔다.

스위트 피
Sweet Pea

나비를 닮은 귀여운 꽃을 피우는데, 흰색·핑크·노랑·청색·자색·등자색 등의 다양한 화색이 있고, 어느 것이나 파스텔 톤의 부드러운 색이다. 독특한 향이 있어 향수 원료로 이용되고 있다.

스테비어 *Stevia*

남미의 파라과이와 브라질 국경의 표고 약 500m 정도에 자생하고 있다. 파라과이에서는 오래 전부터 원주민들이 카페라고 불러 마티 차 등의 감미료로 썼다고 한다. '카페'란 그라니 족의 말로써 달콤한 풀이라는 뜻인데, 줄기와 잎에서 침출한 '스테비오시드'란 성분은 무색·무취의 결정으로 설탕의 약 200배에 해당하는 감미가 있음이 확인되었다. 스테비오시드의 단 1g 의 열량은 설탕보다 4칼로리가 낮아 당뇨병 환자들의 감미료로 이용되고 있다. 물과 알코올에 잘 녹고 내열성도 있으며, 독성이 없으므로 아이스크림이나 셔벗, 추잉껌 등 다이어트 식품으로 이용되고 있다. 커피나 홍차 등의 감미료로 이용하여도 좋다.

시나몬 *Cinnamon*

계피로써 우리에게 친숙한 허브. 서양에서
는 수피를 가루로 만들어 과자나 빵 등에
이용하는 것이 일반적이다. 우리는 수정
과나 계피사탕으로 오래 전부터 즐겨
왔다. 잎으로 만든 에센셜 오일에는
살균효과와 강장작용이 있다. 높이
10m 정도 성장하는데, 계피로 알려진
이 나무는 향이 있는 수피를 이용한다.
이 향을 싫어하는 해충이 적지 않다.

아그리모니 *Agrimony*

유럽에서는 예로부터 상처의 손질에 사용해 왔다. 한방에서도 같은 속이 지혈약
으로서 중요한 위치를 점유하여 왔다. 달인 액은 입가심약으로 사용되어 입 안
의 염증이나 인후통을 완화
시키는 데 사용되고 있다.
건조한 잎을 욕제로 쓰면
운동 후의 근육통 완화에
유효하다. 또 거친 피부를
빠르게 개선시키는 효과도
있다고 알려져 있다. 피로
로 오는 두통에는 세면기에
달인 물을 따뜻하게 채우고
족욕을 하면 효과가 있다.

아니스 *Anise*

고대 이집트시대 때부터 사랑받아 온 허브이
다. 아니스 종자로 만든 허브 티는 위장의 운
동을 도와 건위, 구풍에 사용되어 가스에 의
한 복통에 효과가 있다. 또 거담작용도 있으
므로 가래·기침의 치료에도 사용된다. 정유
성분에는 해충 구제작용이 있어서 벼룩 퇴치
에도 사용된다.

아니스 히솝 *Anise Hyssop*

잎과 꽃이 민트와 비슷하고 상쾌한 향은 아니스향
과 같다. 생잎이나 건조시킨 티는 일반적인 이
용법인데, 피로회복과 미용에 효과가 있다. 북
아메리카가 원산지로써 인디언들이 애호한 티
라고 한다. 꽃은 요리 장식에도 좋다.

아르테미시아
머그워트
Artemisia Mugwort

우리에게도 오래 전부터 이용되어
온 것으로써 외상 치료, 출산 후에는
머그워트를 삶아 증기로 자궁찜질
등에 이용하여 왔으며, 소화기능을
높이고 월경을 고르게 하는 역할을
한다. 단, 임신 중의 사용은 피하는
것이 좋다.

아르테미시아
서던우드
Artemisia Southernwood

아르테미시아 가운데 특히 은색 잎
이 아름답다. 번식력이 좋으므로 지
하경이 주위에 너무 뻗지 않도록 주
의한다. 해충을 물리치는 효과가 있
어서 생울타리로 적당하다. 침출액을
내복하면 기생충을 구제하는 효과가
있다.

아르테미시아 웜우드
Artemisia Warmwood

전초에 강한 방충효과가 있는 허브인데, 잎은 간기능, 소화기능을 높이는 역할을 한다. 또 염증을 진정시키고 체내 정화효과가 있다. 기생충을 구제하는 효과도 있으므로 내복할 경우에는 매우 적은 양으로 먹는다. 향이 강하여 벼룩이나 개미를 퇴치한다.

아티초크 *Artichoke*

식용은 개화 직전의 꽃을 이용하는데, 약효가 있는 것은 뿌리와 잎이다. 뿌리나 잎에는 간장이나 신장장애, 비만, 류머티즘, 천식 등에 효과가 있고 각종 성인병 예방에 소량씩 상식한다. 꿀을 넣은 백와인으로 달이면 쓴맛이 가셔 마시기 쉽다. 개화 직전의 봉오리를 채취하여 소금을 조금 넣은 상태에서 45분 정도 삶은 뒤 꽃받침을 한 장씩 벗겨내고, 꽃심의 부드러운 부분에 버터나 프렌치 드레싱 소스로 맛을 내서 먹는데, 맥주나 와인 안주로도 좋다.

안젤리카
Angelica

전초에 강장작용이 있는데 특히 뿌리나 종자에 유효성분을 포함하고 있다. 욕제로 사용하면 체조직을 강화하므로 운동 전후의 목욕에 최적이다. 허브 티에 구풍작용이 있고, 와인에 담가 마시면 강장, 소화 촉진의 허브 와인이 된다.

알로에 *Aloe*

잎의 각질로 싸여 있는 젤리상의 부분을 짜서 채취한 액즙은 건조한 피부에 현저한 효과가 있다. 단, 이용은 잎에서 짜낸 것만을 사용한다. 화상이나 햇빛에 의한 화상에도 뛰어난 효과를 발휘한다.

알카넷 *Alkanet*

뿌리는 고대 지중해 연안에서 메이크업용의 염료를 시작으로 다양한 직물 염색재로 이용되었다. 건조시킨 잎은 독특한 향이 있어서 향주머니로 이용한다. 꽃은 설탕절임이나 어린잎과 함께 샐러드로 좋다. 뿌리를 달인 것은 거담작용과 피를 맑게 하는 효과가 있다.

야로 *Yarrow*

영국에서는 야로로 만든 연고를 화상이나 베인 상처의 지혈 등 민간약으로 사용하는 등 예로부터 정평이 나 있다. 꽃이나 잎으로 만든 습포제나 세정제에는 여드름, 습진, 거친 피부에 효과가 있고 양모(養毛)효과도 있어서 샴푸에도 사용되고 있다. 프레시한 잎에는 지혈효과가 있어서 응급처치의 상처에 사용하면 좋다. 꽃은 소화를 돕고 강장작용이 풍부하며, 이뇨작용, 혈압을 내리는 데에도 효과적이다.

에린지움 *Sea Holly*

한여름에 독특한 모양을 피우는 꽃으로 허브 가든에 적격인 다년초이다. 어린잎이나 순은 샐러드 등에 이용하며 미네랄이 풍부한 뿌리는 과일잼 등의 향으로 쓰이고, 에린 고우스라고 하는 설탕절임은 근세 유럽에서 기침약이나 강장제로 써 이용되었다. 삐죽삐죽 잎에 가시가 돋아난 것이 호랑가시와 같다고 하여 '바다의 호랑가시나무'라고 하는 영명이 붙었다.

엘더 *Elder*

열매는 자색에서 청색잎은 노랑색의 염료로 쓰인다. 수피에서는 그린 색이 나온다. 성숙한 열매는 냉동이나 냉장으로 보존한다. 마스커트의 향이 나는 꽃은 요리나 소프트 드링크의 풍미를 내는 데 쓰이며, 봉오리는 피클에 이용된다. 가을에 취한 열매는 설탕절임으로 하여 잼이나 파이에 사용한다.

엘리캠페인 *Elecampane*

뿌리에 이눌린을 포함하고 있다. 유럽에서는 건위, 거담, 기관지염, 천식의 치료에 쓰이고 있다. 한방에서는 토목향(土木香)이라고 불려 건조한 뿌리를 달여 진해, 거담, 담즙분비 촉진제로 사용한다. 또 방향성 강장약으로 식욕증진에도 이용하고 있다. 구충효과가 있고, 특히 파리가 싫어한다고 한다. 키친 허브의 하나이다.

오레가노 *Oregano*

침출액에는 강장, 이뇨, 진정, 건위, 식욕증진, 살균 등의 여러 작용이 있다. 달인 액은 피부정화, 염증의 경감, 거친 피부의 손질에 사용된다. 욕제로 사용하며, 로션으로 사용하면 피부 재생에 효과가 높다. 살균 해독작용도 있어서 뱀이나 전갈 등 각종 독의 해독제로도 유명하다. 오레가노 잎은 피자 파이의 주원료로 쓰이고 있다.

오렌지 *Orange*

종자는 구충, 설사, 치질약으로 이용되고 있으며, 수
피는 류머티즘에, 수피 점액은 지사제로 사용되었
다. 오렌지 껍질에서 얻는 정유성분은 위의 진정과
장의 부조 개선 효과가 높다. 꽃으로 만든 허브 티
도 맛과 향이 좋다.

오리스루트
Orrisroot

약 50cm 정도 성장하는데, 5~6월에
강한 방향을 담은 꽃을 피운다. 근경
을 건조시키면 바이올렛의 향이 나므
로 향수제조 외에도 포푸리의 보류제
로서 오래 전부터 사용하였다.

옥스아이 데이지 *Oxeye Daisy*

관상용으로 이용되며, 꽃은 2개월 정도 개화하는데 카모마일과 비슷하지만 좀더 크다. 꽃으로는 티를 끓여먹으며, 어린잎은 샐러드로 이용한다. 약리작용으로는 감기예방, 신경안정제로 쓰며 상처나 타박상에 쓰인다.

올스파이스 *Allspice*

10m 정도 성장하는 상록수이다. 자메이카, 중앙 아메리카에서 상업을 목적으로 채집하여 재배하고 있다. 여름부터 가을에 이르기까지 집산화서로 흰색 꽃이 핀 후 검은색 열매를 맺는다. 올스파이스는 클로브, 너트맥, 시나몬 등의 스파이스를 합친 듯한 풍미가 있어서 올스파이스란 이름이 붙었다.

우드럽 *Woodruff*

침출액을 마시면 혈액을 정화하고 피부를 아름답게 하는 효과가 있다. 베인 상처나 거친 피부에 생잎을 빻아 붙이면 효과가 있다. 방향 성분은 향수 원료로 사용되며, 우드럽 티는 편두통이나 우울한 기분에 효과가 있다.

유칼리 *Eucalyptus*

유칼리의 종류는 수십 종이 있는데 펄프용으로 유명하나 향료로 이용되는 품종도 약 20종이 있다. 의약품 이외에 강한 살균 방부작용이 있으므로 멸균이나 감기예방에도 사용된다. 강한 살균작용이 있으며, 입욕제로 쓰면 피부를 정화하고 피부장애에 효과가 있다. 정신 고양, 스트레스 해소에도 유효하다. 피부를 탄력 있는 젊은 피부로 유지하는 효과가 있어서 고대 이집트시대부터 사용하여 왔다. 뜨거운 태양 아래 달아오른 피부의 냉각작용으로 유효하다. 잎에서 채취한 오일은 '시드니 페퍼민트'라고 하는 이름으로 유명하다. 감기, 코막힘, 화분 알러지, 천식 등의 증상을 완화시키므로, 입욕시 5~6방울 떨어뜨리고 사용하면 좋다. 집의 입구에 유칼리 잎을 다발로 묶어두면 모기의 침입을 막는다고 한다. 또 뿌리는 독성을 가진 엑기스를 분비하므로 주위 잡초의 생장을 억제시키는 기능을 한다. 정유를 티슈에 한방울 떨어뜨리면 담배연기나 애완동물의 냄새제거에도 효과가 있다.

레몬 유칼리

일랑일랑 *Ylangylang*

꽃에서 추출한 에센셜 오일은 라벤더
나 그레이프프루트에 필적할 만큼 인
기가 있다. 진정효과나 릴랙스에 뛰어
난 효과를 발휘한다.

재스민 *Jasmine*

꽃에는 독특하고 강한 방향이 있는데, 오일은 매우 값이 비싸다. 이 향은 콜로
뉴나 향수를 만들 때 쓰이는 고귀한 향으로 기분을 고양시키는 효과가 있다. 오
일은 피부의 탄력을 증가시키므로 미용용 마사지 오일에 소량 넣으면 매우 효
과적이다. 방향 성분이 정신과 신체에 영향을 주어 오룡차 등에 섞은 재스민 티
가 유명하다. 향을 추출한 정유의 마사지는 여성 생리의 정상화, 출산시의 고통
완화, 모유 촉진 등의 효과가 있다. 냉감증에도 효과가 크다.

주니퍼 *Juniper*

주니퍼 베리라고 불리는 열매는
진 등의 술이나 육류요리의 향에
사용되며, 갈색 염료에도 쓰인
다. 또 주니퍼 오일은 류머
티즘의 습포제, 기관지염
등 다양하게 이용되고
있다. 티는 설사나 장의
팽만감에 효과적이다.

진저 *Ginger*

감기에 효과가 있는데, 유럽에서는 보온이나 소화촉
진, 장의 이상에 효과가 있다고 하여 넓게 사용
되어 왔다. 설탕에 절인 진저를 씹으면 멀미
에 효과가 있고, 크로제트의 방충제로 이
용할 수 있다. 나쁜 냄새를 흡수하고
의복에 붙는 좀벌레 등을 붙지
않도록 한다.

차빌 *Chervil*

부드러운 향으로, 많은 요리에 이용되고 있다. 야채나 어패류의 수프 등 미세한 맛을 내는 데는 잎을 다져서 수프에 띄우면 요리를 돋보이게 한다. 또 드레싱, 버터, 샐러드를 만드는 데 넣으면 좋다. 차빌의 침출액은 진통 완화와 소염작용이 있어, 목욕제나 습포제로 이용하면 상처나 염증을 치료하는 데 도움이 된다.

차이브 *Chives*

파처럼 이용하지만 파처럼 강한 냄새가 없어서 섬세한 맛을 내는 요리에 사용할 수 있다. 감자, 오믈렛, 마리네이드, 닭, 생선요리에 사용하면 상큼한 맛을 즐길 수 있다. 또 버터를 부드럽게 한 뒤 잘게 다진 잎을 같은 양으로 넣어 섞으면 차이브 버터가 되는데, 여기에 민트나 레몬즙을 넣으면 더욱 독특한 맛을 낼 수 있다.

215

치커리 *Chicory*

치커리라고 하면 일반적으로 샐러드용 야채를 가리키나 보라색 꽃이나 잎도 관상용으로써 훌륭하다. 꽃은 샐러드로, 꽃봉오리는 피클로 사용하며 잎은 철분과 칼슘이 풍부하고 독특한 쓴맛이 있어 풍미 있는 샐러드로 이용된다. 뿌리에는 이뇨작용이 있고 커피 대용으로 하면 좋다.

카모마일 *Chamomile*

① 다이야즈 카모마일 (Dyer's Chamomile)

염색가의 카모마일이라고 이름이 붙여져 있을 정도로, 꽃으로부터 다양한 색의 직물 염료를 얻을 수 있다. 옅은 크림색에서 짙은 노랑색까지 색을 낼 수 있다.

② 로만 카모마일
(Roman Chamomile)

목욕탕에 꽃을 넣고 몸을 담그면 방향성분이 피부 내에 침투하여 혈행을 촉진시킨다. 몸에 난 여드름이나 가벼운 동상, 습진 등의 피부장애를 호전시킨다. 샴푸, 비누 등에 이용하며, 달인 물로 계속 세안하면 피부가 매끈해지는 효과가 있다. 꽃에서 추출한 정유는 화장품에 이용된다. 피부에 뛰어난 미용효과가 있으므로, 정유를 호호바유나 올리브유에 블렌딩하여 사용하면 뛰어난 세정제가 된다. 또 습진, 감염증에는 희석하여 사용하면 유효하다.

③ 저먼 카모마일 (Germam Chamomile)

달콤한 사과향이 있다. 많은 종류의 카모마일이 있는데, 그저 카모마일이라고 하면 저먼 카모마일을 의미하며, 고대 그리스인들은 카모마일을 가리켜 '대지의 사과'라고 불렀다. 향에는 불안이나 노여움 등의 심한 정신적 긴장을 완화시킨다. 카모마일의 미용효과는 유명한데, 민감한 피부의 스킨 케어 원료가 된다. 운동 후에 피로를 풀기 위해서는 마사지 오일에 소량을 넣으면 효과적이다. 유럽에서는 허브 티로서 일상화되어 있고, 감기 초기에 효과가 있다. 한방에서도 중요한 약재의 하나인데 저염증, 방부, 진경, 구풍약으로 사용되었다. 특히 방향성 쓴맛은 건위제로 유효하다.

캐러웨이 *Caraway*

전초에 달콤하고 산뜻한 향이 있는 허브이다. 특히 종자의 향이 강하여 햄이나 소시지에 향을 첨가하거나 피클이나 보리빵 등에 풍미를 더한다. 식후에 종자를 씹으면 달콤한 향과 소화기능도 돕는다. 잎은 다져서 샐러드나 수프에 띄우며, 에센셜 오일은 리큐어나 로션의 향 첨가에 사용한다.

캐트닙 *Catnip*

고양이가 매우 좋아하는 허브이다. 잎을 건조시켜 향주머니를 만들어 고양이의 장난감으로 만들어 주어도 좋다. 잎의 허브 티는 고대 로마시대로부터 애용되었는데 발한, 해열작용이 있다.

커리 플랜 *Curry Plant*

이름처럼 카레와 같이 강한 향이 있는 허
브이다. 잎은 스파이스로 수프나 스튜
등의 요리에 사용한다. 커리 플랜
에서 채유되는 '이모틸'이라고 하
는 정유는 아로마세라피에 사용되
며, 감염증이나 구기병에 효과가
있다. 드라이 플라워나 포푸리로
도 매우 즐거운 허브이다.

제주도 붉은못 허브 가든

커민 *Cumin*

카레나 베트남 요리에 사용되는 스파이스로, 중세
로마에서는 가장 인기 있는 스파이스였다고 한다.
티로 이용할 때 종자는 가볍게 부수어 사용한다.
위장의 장애를 조절한다.

컴푸리 *Comfrey*

뿌리나 줄기에는 수렴, 살균, 진정작용이 있고, 위나 십이지장궤양의 치료에
내복한다. 잎이나 뿌리를 물에 담가 부드럽게 한 것은 상처 피부병의 습포제
로 이용된다. 신경통이나 류머티즘에도 효과가 있다고 한다.

코리안더 *Coriander*

고대 이집트·그리스에서 약용으로 이용되
었다. 건조한 종자나 잎, 뿌리는 향료,
구풍, 흥분제로 사용되었다. 종자는
위액의 분비와 소화를 촉진하는
운동을 돕는다. 종자를 빻아서
습포제로 사용하면 류머티즘이나
관절염의 통증을 완화시킨다.

코스트마리
Costmary

잎에는 독특한 발삼향이 난
다. 잘게 썰어서 상온의 버터
에 넣어 허브 버터의 풍미를
즐길 수 있으며, 프레시한 잎
과 꽃은 샐러드, 수프, 케이
크, 고기요리 등에 이용된다.

콘샐러드 *Cornsalad*

초장은 15~30cm이며, 어느 토지에서나 강하게
잘 자라는데 약간 비옥한 토지를 좋아한다. 원
래 유럽의 목초지나 밭에서 자생하고 있다. 꽃
은 흰색과 자색을 피우므로 허브 가든이나 치킨
가든의 가장자리에 심어 관상 및 필요할 때 취
하여 이용하면 되는데, 샐러드용으로는 꽃이 피
기 전에 꽃봉오리를 따 주어야 한다. 잎은 신선
하고 어린잎으로, 필요할 때 언제든지 수확하여
약미야채로 사용한다. 샐러드나 스튜로 이용하
는 것이 일반적이다. 비타민 C가 풍부하고 카
로틴이나 비타민 $B_1 \cdot B_2$, 칼슘, 철 등의 미네랄
성분 외에도 5대 영양소가 포함되어 있다. 콘샐
러드에는 또 소화기능과 해독작용이 있어서 채
식 위주로의 식생활 개선에도 훌륭한 허브이다.

콘플라워 *Cornflower*

사랑과 희망이나 섬세함, 마리아의 성스러움 등, 크리스천 교도들이 상징하는 콘플라워는 1925년 이집트의 피라미드에서 투탕카멘의 미라를 발굴할 당시 색은 회색으로 변색되었지만 형태는 그대로인 채 발견되기도 하였다. 5~6월 개화하는데, 색은 보라색, 적색 등 다양하며 허브 가든용으로 적격이다. 약리효과로 부드러운 수렴작용과 이뇨작용이 있다.

꽃의 침출액은 온화한 아스트린젠트 효과가 있는 화장수가 되며, 잎의 침출액은 피로한 눈이나 눈에 염증이 있을 때 세정액으로 쓰면 효과적인 안약이 된다. 그밖에 기관지염이나 기침, 간장병에도 효과가 있고 드라이 플라워나 포푸리도 좋다.

크래송 *Water cress*

스테이크 등의 양식과 함께 나오는
식물로써 익숙해진 허브이다. 매콤
한 맛은 고기요리와 생선요리 등에
잘 맞아 자주 쓰이고 있는데, 비타
민이나 미네랄이 풍부하여 빈혈에
효과가 있다. 또 피부를 깨끗하게
해 주는 효과도 있다. 그다지 맵지
않은 맛이 매력적이다.

클로브 핑크 *Clove Pink*

흔히 볼 수 있는 카네이션과 같지만 원예용 카네
이션과는 달리 꽃에서 매우 좋은 향기가 난다. 허
브 가든의 한구석을 채우는 데 빠져서는 안 될
식물이다. 양지바르고 배수가 좋아야 한다. 에센
셜 오일에는 유게놀(eugenol) 성분이 있다.

타라곤 *Tarragon*

식욕을 증진시키므로 요리의 맛을 내는 데 잎을
사용하면 좋다. 허브 티는 식욕증진, 건위,
소화불량, 명치 언저가 쓰리고 아플 때,
장에 가스가 차는 등의 트러블에 효
과가 있다. 또 잎의 달인 물은 신
경통, 류머티즘, 관절염에 효
과가 있다고도 한다. 욕제
로 사용해도 좋다.

타임 *Thyme*

타임에 함유된 방부, 살균작용은 위장, 호흡
기계의 병에 유효하고 잎에서 추출된 정유
는 구충약에 쓰이는데, 특히 십이지장충에
유효하다. 잎의 방향에는 정신 강장의 효과
가 있어서 기분이 우울할 때 효과적이다. 또
강한 살균작용은 실내 방향제로 정화에 사용
된다. 감기 초기에는 세면기에 따뜻한 물을 붓
고 오일을 몇 방울을 떨어뜨려 수증기를 흡입하
면 감기의 예방이나 인후통을 부드럽게 한다.

▲ 커몬 타임

▲ 레몬 타임 ▼ 크리핑 타임　　　　　▲ 골든 타임 ▼ 실버 타임

탄지
Tansy

파리가 싫어하는 허브이다. 고기를 입으로 싸서 향이 배면 파리가 달려들지 않는다고 한다. 또 현관이나 애완동물의 집에 넣어두면 뛰어난 효과를 발휘한다. 살충·살균효과가 있으며, 방부·방충효과가 있어서 포푸리를 만들어 애완용 동물의 집에 넣어두면 효과를 발휘한다. 리스로도 훌륭하다.

터메릭 *Turmeric*

내한성이 없으므로 늦가을에 근경을 파내어 따뜻한 곳에서 봄까지 저장한다. 식품을 착색할 때 외에도 뿌리를 건조시킨 분말은 옷감이나 털실을 황색 또는 갈색으로 염색하는데, 여기에는 방충효과가 있다고 한다.

티트리 *Teatree*

강하고 민감한 스파이시한 향에는 마음을 리프레시시키고 침울한 기분을 고양시킨다. 살균작용과 피부의 재생작용이 있으며, 상처의 감염증을 치료한다. 오스트레일리아에서는 무좀에도 사용한다. 실내 정화의 콜로뉴에도 사용된다.

파슬리 *Parsley*

비타민이나 미네랄을 다량 포함하고 있으므로 건강 증진에 효과가 있다. 생잎 또는 건조한 잎이나 뿌리, 종자는 이뇨, 건위, 구풍제로 사용되며, 이외에 식욕을 증진시킨다. 또 종자의 방향성분을 추출한 정유는 노인의 검버섯이나 기미를 제거하는 효과도 있다.

패초리 *Pachouei*

인도, 동남아시아가 원산지로 1m 정도까지 성장한다. 꽃은 옅은 자백색의 작은 꽃이 피는데, 전초에 상쾌한 향이 있다. 늦봄에 꺾꽂이나 봄·가을에 포기나 누기로 번식시킨다. 추위에 약하므로 겨울에는 실내에서 관리한다. 패초리 오일은 향료 외에 방부, 살충에도 사용한다.

페리윙클 *Periwinkle*

꽃이 핀 전초에는 상처, 수렴, 혈당 강하제로 사용된다. 자궁출혈이나 월경과다와 같은 출혈을 막기 위해 외용이나 내복약으로 사용한다. 강장제, 이뇨제 외에 달인 액은 인후통이나 입 안 청결에 사용된다.

펜넬 *Fennel*

각종 여성 장애에 효과가 있다. 허브 티는 갱년기의 각종 증상을 완화시킨다. 또 모유를 잘 나오게 하며, 양이나 젖소 등에 같은 효과가 있어서 유럽이나 일본에서는 사료에 섞어 주는 농가도 있다. 식욕증진, 명치 언저리가 쓰리고 아플 때, 건위에도 효과가 있다. 내장의 운동을 활발하게 하고 위장약의 원료로도 사용된다. 향에는 정신 고양작용이 있으므로 욕조에 떨어뜨려 사용하거나 콜로뉴로 하여 향을 맡으면 스트레스 해소 및 릴랙스 효과가 있고, 숙취에도 효과적이다.

포트 마리골드 *Pot Marigold*

항균·살균효과가 뛰어나다. 꽃의 습포는 화상이나 각종 피부질환에 효과를 나타낸다. 또 위염이나 궤양을 비롯한 소화기계의 약이 된다고 알려져 있다. 생리통의 완화나 생리조절을 하는 작용이 있는데, 여성을 위한 허브의 하나이다.

포피 *Poppy*

그리스, 서남 아시아, 아메리카가 원산지인 포피는 그 자태가 참으로 아름답다. 종류에 따라 아일랜드 포피, 오리엔탈 포피, 캘리포니아 포피로 나뉘는데, 유럽이나 미국, 일본에서는 조경용 소재로 쓰고 있으며, 산과 들에서 야생 포피를 쉽게 볼 수 있다.

플럭스 *Flax*

종자에서 채취한 오일은 도료나 유약에 사용되며, 직조는 리넨 재료로 알려져 있다. 종자와 그 분말은 피부의 상처나 화농을 억제하고 피부 손질에 이용된다. 종자를 삶아낸 침출액을 욕조에 넣으면 피부를 부드럽게 한다고 한다.

피버퓨 *Feverfew*

편두통에는 샐러드에 피버퓨의 잎을 넣어 먹으면 효과가 있다. 침출액은 강장, 진정, 소화, 설사 등에 쓰이고 달인 물은 제충국(除蟲菊)으로써 제충, 살균제로서 이용된다. 욕제로 하면 피로회복, 진통작용이 있다고 한다.

하이비스커스
Hibiscus

두발용으로써 린스는 육모촉진, 탈모방지, 두피활성, 모발강화의 효과가 있고 보습효과도 있다. 단, 로션이나 린스는 1개월 이내에 사용해야 한다.

하트시즈 *Heartsease*

삼색 제비꽃이라고도 하는데, 달콤한 향기와 노랑 자색이 섞인 앙증스런 꽃은 많은 사람들에게 사랑받고 있다. 꽃은 설탕 절인 과자의 장식으로 쓰이며, 잎은 허브티로, 에센셜 오일은 향수 원료로 사용된다. 전통적인 민간치료제로써 피부병이나 호흡기 계통의 병에 이용되어 왔다. 혈액을 좋게 하며 면역계를 활성화하고, 여드름에도 효과가 있다.

해당화 *Rosa Rugosa*

홍색이며 광택 있는 열매는 한방에서 영실이라고 부르고 있다. 해열제로 이용되고 있는데, 비타민 C, 사과산, 구연산 등을 풍부하게 함유하고 미용효과가 있어서 피부 크림에도 첨가된다. 달인 물은 사하 이뇨제로서의 효과도 있다.

허니 서클 _Honey Suckle_

우리에게 인동초로 잘 알려진 허브이다. 약
효로는 탄닌, 로가닌을 포함하여 해열, 해
독, 식욕증진, 정장, 부인병에 효과가 있
다. 덩굴성의 꽃은 자주의 담황색과 흰
색이 있는데, 허브 가든에 식재하면 포인
트가 된다. 꽃으로 만든 술은 금은화주라
고 하는데, 피로회복에 뛰어나다고 한다.

헬리오트롭
Heliotrope

적자색의 아름다운 꽃과 향이 뛰어
난 허브이다. 에센셜 오일은 향수
로 이용되는데, 꽃이 개화할 때면
주위에 향기가 만발한다. 화색이
신선할 때 취하여 건조시키면 뛰어
난 포푸리가 된다.

호어하운드 *Horehound*

전초에 부드러운 털로 덮여 있고 웜우드와 비슷한
향이 있다. 잎과 꽃에는 기침을 부드럽게 하는 작
용이 있고, 침출액은 천식 등의 기관지계의 병 치
료에 쓰이고, 그 외 소화제, 완하제로 쓰인다. 티
는 습진에 효과가 있다.

홉 *Hop*

향에는 부드러운 진정, 최면작용이 있고 안면 베개의 소재가 된다. 취침 전에 티를 마시면 효과가 있다. 달인 물을 식사 전에 음용하면 식욕증진, 진통, 소화촉진, 해열효과도 있다.

히솝 *Hyssop*

성서에 등장할 정도로 오래된 약초로써 현재에도 민간요법으로 감기, 카타르, 기관지염 등의 호흡기계 질환에 이용되고 있다. 습포약으로 사용하면 좌상이나 화상에 효과가 있고, 허브 티로 마시면 진정작용이나 히스테리에 좋다. 달인 물이나 생잎을 빻은 것은 세정제, 습포제로서 베인 상처, 좌상, 화상에 사용된다. 방향성분은 리큐어(Liqueur)의 맛을 내거나 향수, 콜로뉴의 원료가 된다. 줄기와 잎을 욕제로 하면 피부의 세정과 냉증의 개선에 유효하다.